# 18
# 75

Albert Schweitzer
Maurice Ravel
Edgar Wallace
Walter Chrysler
**Ferdinand Porsche**
Thomas Mann
Rainer Maria Rilke

*Ferdinand Porsche in seinem Konstruktionsbüro in Stuttgart, 1937.*

Thomas Ammann Karl Ludvigsen

# Ferdinand Porsche 1875–2025
## Mensch, Visionär, Familienunternehmer

DELIUS KLASING VERLAG

*Mit den Enkeln Ferdinand Alexander „Butzi“ Porsche (l.) und Ferdinand Piëch. Das Modell bekam „Butzi“ 1948 zu seinem 13. Geburtstag von Karl Rabe.*

*Wien, 1940. Ferdinand Porsche vor der Albertina mit einem VW-Versuchswagen.*

In dieser Zeit, in der wir den 150. Geburtstag meines Großvaters Prof. Dr. Ferdinand Porsche feiern, denke ich oft zurück an die vielen Momente, die ich mit ihm verbringen durfte. Über Ferdinand Porsche wurde schon viel geschrieben, doch meist konzentrieren sich diese Berichte auf seine technischen Errungenschaften als Konstrukteur.

Für mich als seinen ältesten Enkel sind jedoch besonders die familiären Erlebnisse und die persönlichen Erinnerungen an ihn wertvoll geblieben. Ich hatte zu meinem Großvater schon vom dritten Lebensjahr an eine sehr gute und innige Beziehung. Denn er war nicht nur der bekannte Automobilkonstrukteur, Ferdinand Porsche war ein fürsorglicher, zugänglicher Familienmensch, der mein Leben – und sicherlich ebenso das der anderen Familienmitglieder aus meiner Generation – entscheidend geprägt hat.

Mein Großvater war auch nicht der strenge, distanzierte Patriarch, den manche vielleicht vermuten würden. Ganz im Gegenteil: Er verwöhnte uns Kinder, wo er nur konnte. Schon in meiner frühesten Kindheit bemühte er sich darum, mir seine Welt zu eröffnen. Natürlich habe ich damals mit drei oder vier Jahren nicht alles verstanden, aber seine Begeisterung, mir technische Zusammenhänge mit großer Geduld nahe zu bringen, haben mich schon damals tief beeindruckt. Er wollte bei solchen Gelegenheiten seine Begeisterung mit mir teilen, nahm mich sogar zu geschäftlichen Besprechungen mit, wo ich als kleiner Junge erste Entwürfe des „Käfers" bestaunen durfte – damals noch Zeichnungen auf Papier, lange bevor der Wagen Realität wurde.

Ferdinand Porsche war nicht nur mein Lehrer, er war auch ein unerschrockener Abenteurer, und ich durfte einige dieser Abenteuer miterleben. Die Autofahrten mit ihm waren immer ein Erlebnis. Seine Fahrweise war temperamentvoll und manchmal geradezu halsbrecherisch. Unvergessen bleibt mir eine Fahrt über den Großglockner, die er in atemberaubendem Tempo zurücklegte. Diese lebendige Energie, dieses ungebremste Vorwärtsstreben, waren charakteristisch für ihn, und er teilte diese leidenschaftliche Dynamik mit meiner Mutter Louise, die ihr technisches Verständnis und fahrerisches Können eindeutig von ihm geerbt hatte.

Gleichzeitig erlebte ich einen Großvater, dem materielle Dinge und Geld kaum etwas bedeuteten. Für ihn zählten einzig gute Ideen und technische Perfektion. Diese Großzügigkeit ging so weit, dass er – zum Verdruss meines Vaters, der die geschäftlichen und finanziellen Belange regelte – sogar auf beträchtliche Ansprüche verzichtete, wenn ihm persönliche Beziehungen wichtiger waren. Auch das hat mich tief geprägt, und es zeigte mir, dass Erfolg und Menschlichkeit einander nicht ausschließen müssen.

Mein Großvater war mit vielen Ideen seiner Zeit weit voraus. Ferdinand Porsche war ein Mensch, der ständig an die Grenzen des Machbaren ging und damit oft genug aneckte. Irritieren ließ er sich davon nicht, unermüdlich strebte er nach Verbesserungen. Seine technischen Ideen, die er mit seiner sehr persönlich familiären Art verwirklichte, führten zu seinem großen Erfolg. Mit seinen Produkten hat er zu unserer persönlichen Mobilität und zur Verringerung der Pferdefuhrwerke beigetragen. Bereits vor mehr als 125 Jahren konstruierte er innovative Fahrzeuge mit Elektro- und Hybridantrieben. Heute, da sich die Welt intensiv mit diesen Technologien beschäftigt, empfinde ich es als besonderes Privileg, miterlebt zu haben, wie einige seiner Visionen entstanden.

Bemerkenswert war auch seine offene Einstellung gegenüber Ideen anderer. Er erkannte Innovationen sofort und honorierte die Beiträge seiner Mitarbeiter großzügig. Gerade diese Fähigkeit, im Team zu arbeiten und andere wertzuschätzen, machte ihn zu einem Vorbild für mich und viele Menschen in seinem Umfeld. Er verstand es, ein Team aus außergewöhnlichen Mitarbeitern um sich zu versammeln und deren Talente zu fördern und zu würdigen.

Heute, im Rückblick auf sein Leben und seine Arbeit, wünsche ich mir, dass er nicht nur als herausragender Konstrukteur und Ingenieur in Erinnerung bleibt, sondern ebenso als ein Mann, der durch seine Menschlichkeit, seinen Familiensinn und seine Offenheit beeindruckte.

Er war für mich ein Vorbild – ein ganz besonderer Mensch. Zu seinem 150. Geburtstag wollen wir mit diesem Buch sein Leben und seine Erfolge beschreiben und ihn in Erinnerung behalten.

**Ernst Piëch**

August 2025

*Berlin, 1937. Ferdinand Porsche am Rande der Avus.*

# Der Mensch

*Hoch hinaus: Großvater Ferdinand Porsche mit den Enkeln Ferdinand Alexander (oben) und Gerd Porsche.*

*Das Segeln auf dem Wörthersee zählte zu den beliebtesten Freizeitbeschäftigungen der ganzen Familie.*

*Der junge Ingenieur Porsche (r.), Anfang des 20. Jahrhunderts.*

*Familiensitz Schüttgut in Zell am See, ca. 1949. Links neben dem Haupthaus die Hauskapelle.*

*Maffersdorf (heute: Vratislavice), 1902. Ferdinand Porsche am Steuer eines Lohner-Porsche-"Mixte" vor seinem Geburtshaus. Auf dem Rücksitz sein Vater Anton Porsche und sein Bruder Oskar.*

CONTINENTAL PNEUMATIC

*Porsche mit Volkswagen in der Nähe der Villa am Wörthersee, 1940. Der Begleiter ist unbekannt.*

*Er liebte den Wörthersee und das Segeln, obwohl er nicht schwimmen konnte.*
*Das Foto rechts zeigt Ferdinand Porsche im Juli 1949 an seinem Bootshaus in Unterdellach.*

*Die Großeltern Ferdinand und Aloisia Porsche mit den Enkeln (v.l.n.r.) Gerd Porsche, Ernst und Louise Piëch, Ferdinand Alexander Porsche und Ferdinand Piëch am Wörthersee.*

*Hochzeitsgesellschaft: Louise Porsche und Anton Piëch heiraten am 28. Juni 1928. Links sitzend die Eltern des Bräutigams, Hermine und Anton Paul Piëch, rechts sitzend Aloisia und Ferdinand Porsche.*

*Im Garten des Hauses in Unterdellach: Die Großeltern Porsche mit den Enkeln Ernst und Louise Piëch, vordere Reihe v.l. Ferdinand Piëch, Gerd und Ferdinand Alexander Porsche.*

*Jagdgemeinschaft: Ferdinand Porsche, Schwiegersohn Anton Piëch, Tochter Louise (v.r.n.l.), ganz links Enkel Ernst Piëch.*

*Im Garten der Villa in Stuttgart, 1932; Ferry Porsche (l.) mit Eltern Aloisia (2.v.l.) und Ferdinand (M.), sowie Ehefrau Dorothea (r.). Rechts von Ferdinand Porsche Karl und Heidi Rabe.*

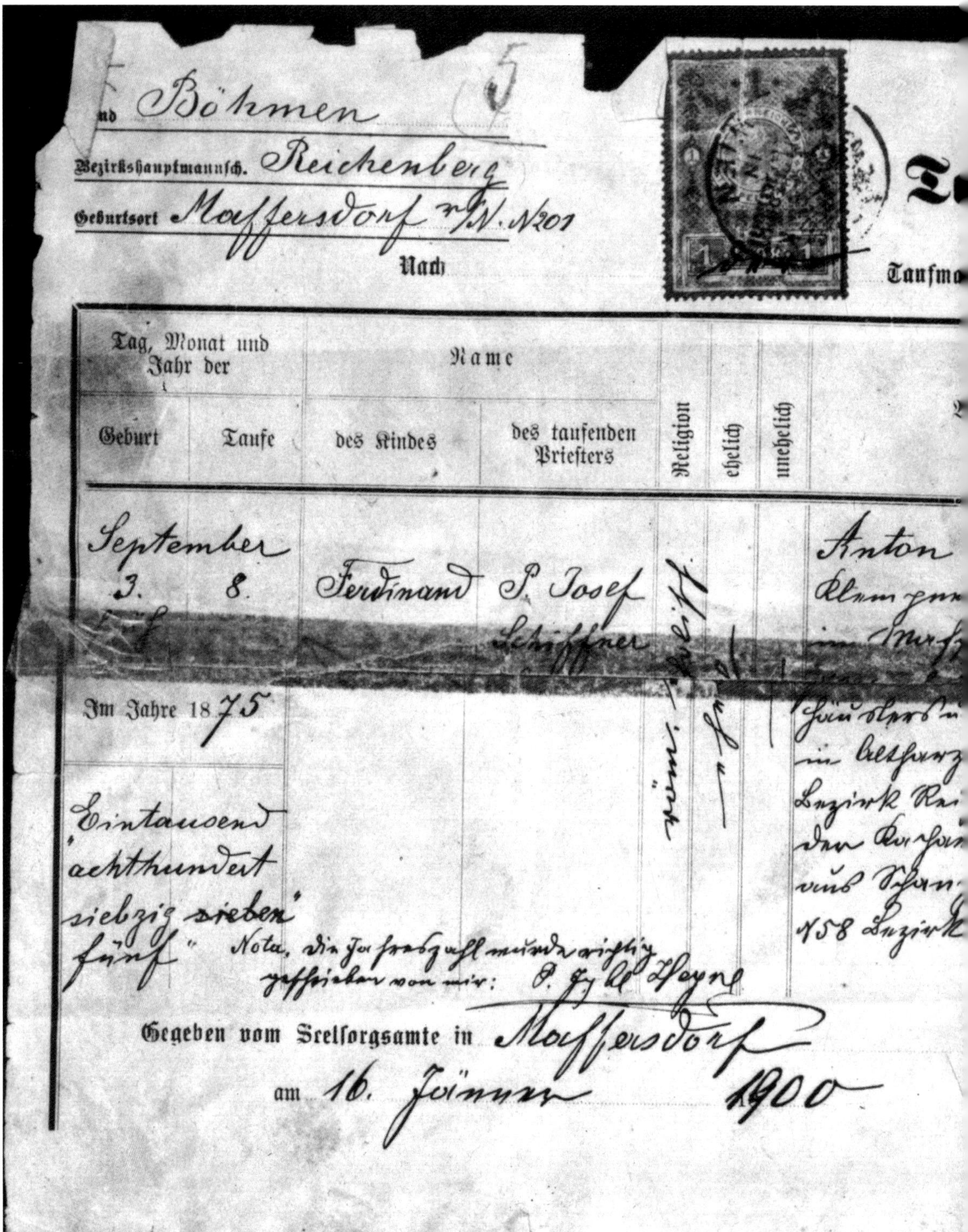

...nd Böhmen

Bezirkshauptmannsch. Reichenberg

Geburtsort Maffersdorf

Nach

Taufma...

| Tag, Monat und Jahr der | | Name | | Religion | ehelich | unehelich | |
|---|---|---|---|---|---|---|---|
| Geburt | Taufe | des Kindes | des taufenden Priesters | | | | |
| September 3. | 8. | Ferdinand | P. Josef Schiffner | | | | Anton ... |
| Im Jahre 1875 | | | | | | | |
| Eintausend achthundert siebzig ~~sieben~~ fünf | | | | | | | |

Gegeben vom Seelsorgsamte in Maffersdorf

am 16. Jänner 1900

*Taufschein vom 8. September 1875, fünf Tage nach Ferdinands Geburt.*

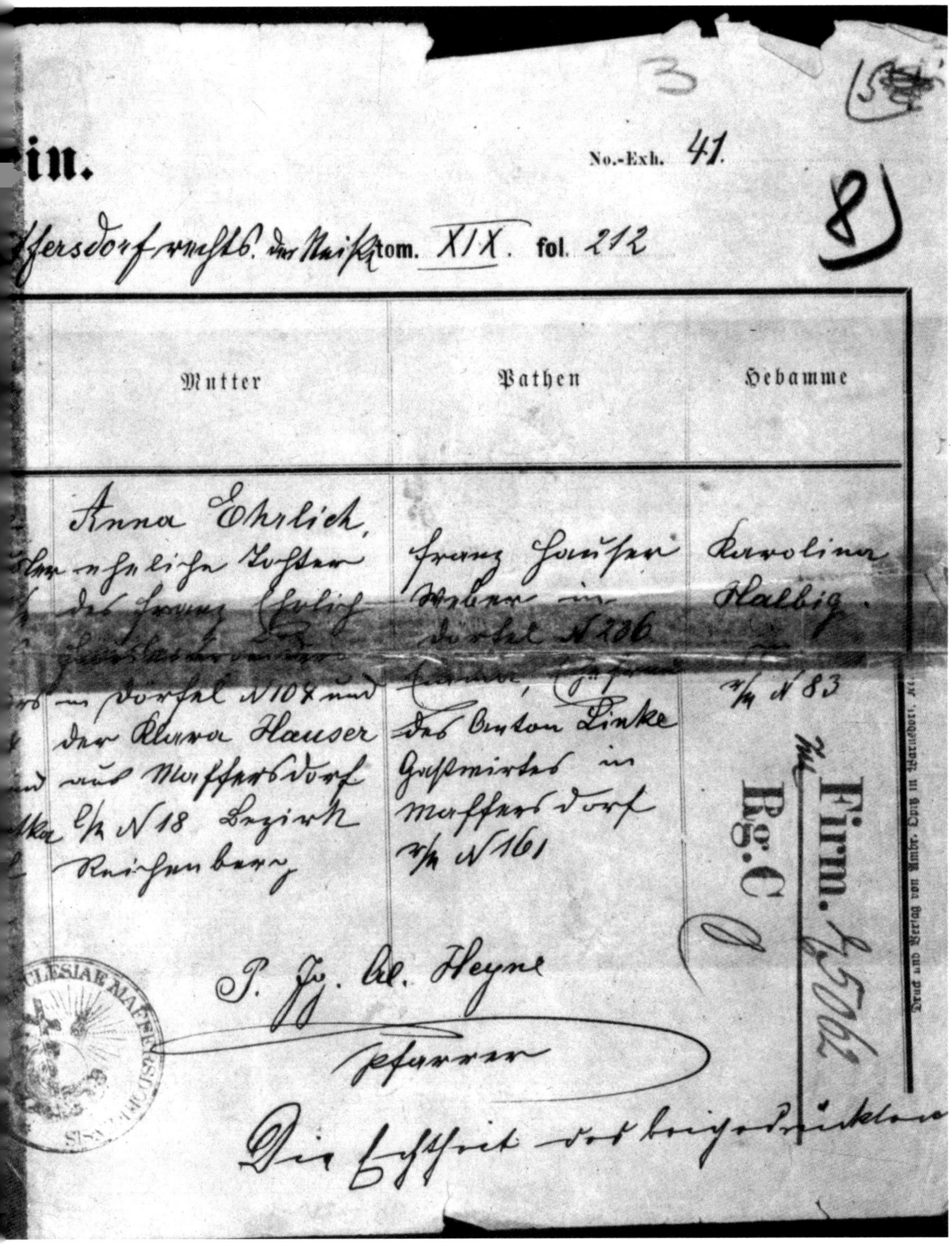
...in.

No.-Exh. 41.

...ffersdorf ... tom. XIX. fol. 212

| Mutter | Pathen | Hebamme |
| --- | --- | --- |
| Anna Ehrlich, ... Tochter des Franz Ehrlich ... N 104 und der Klara Hauser aus Maffersdorf N 18 Bezirk Reichenberg | Franz ... N 236 ... des Anton Linke Gastwirtes in Maffersdorf N 161 | Karoline Halbig ... N 83 |

Firm. Bg. C

P. J. ... Heyne
Pfarrer

Druck und Verlag von Ambr. Opitz in Warnsdorf.

*Ein spätes Porträt des „Professors", wie ihn die Mitarbeiter nannten, ca. 1950.*

Die Württembergische Technische Hochschule
zu Stuttgart
unter dem Rektorat des Professors Dr. G. Grube
verleiht durch diese Urkunde
auf den einstimmigen Antrag der Abteilung für Maschinen-
ingenieurwesen und Elektrotechnik
dem Herrn Dr.-Ing. e.h.

# Ferdinand Porsche

Direktor der Daimler Motorengesellschaft
Stuttgart-Untertürkheim

## die Würde eines Doktor-Ingenieurs ehrenhalber

in Anerkennung seiner hervorragenden Leistungen beim Kraftwagenbau im allgemeinen und im besonderen als Konstrukteur des siegreichen Wagens im Targa-Florio 1924.

Stuttgart, den 4. Juni 1924.
Rektor und Senat der Technischen Hochschule.

G. Grube.

*Am „Hausberg" Großglockner, zusammen mit Harald Wagner, September 1950. Aufnahme von Ghislaine Kaes.*

*Unterwegs mit Ehefrau Aloisia im VW-„Käfer".*

*Am Steuer eines Volkswagens aus Nachkriegsproduktion, 1950.*

**„Er war unglaublich zugänglich und herzlich.“**

Ernst Piëch
im Gespräch über
seinen Großvater
Ferdinand Porsche

Von allen Enkeln des Patriarchen verspürt Ernst Piëch, Jahrgang 1929, wohl das größte Bedürfnis, das großväterliche Wirken der Nachwelt zu erhalten. Das Gespräch mit ihm findet in seinem Museum „Fahr(t)raum – Ferdinand Porsche Erlebniswelten" in Mattsee in der Nähe von Salzburg statt. Die modernisierte und inzwischen durch eine spektakuläre Halle erweiterte ehemalige Schuhfabrik ist eine einzige Huldigung an jenen Mann, der das Automobilzeitalter prägte wie kaum ein anderer. Piëchs Museum zeigt auf mehr als 3.500 Quadratmetern fast ausschließlich Konstruktionen aus der Frühzeit seines Großvaters Ferdinand Porsche. Automobile aus Deutschland und Österreich, auf denen noch nicht der weltbekannte Name Porsche prangt, zudem landwirtschaftliche Geräte und sogar eine Hansa Brandenburg C1, das meistgebaute Flugzeug der k.u.k Luftfahrtruppen – angetrieben von einem Porsche-Motor und selbstverständlich flugfähig. „Ich möchte die Highlights zeigen", erklärt Piëch.

So haben er und sein Team mit großer Hingabe zum Beispiel ein Exemplar des Lohner Mixte-Wagens von 1901 aufgetrieben, der mit teilelektrischem Hybridantrieb aktuell wie nie erscheint. Der „Prinz-Heinrich-Wagen" von 1910, mit Porsche am Steuer Sieger der Rundfahrt zu Ehren des Bruders von Kaiser Wilhelm II., ist nach einer aufwendigen Restauration voll fahrbereit, wie alle anderen vierrädrigen Zeitzeugen im „Fahr(t)raum". Es gibt Steyr- und Austro-Daimler-Fahrzeuge wie den AD-R 6 Sport, einen automobilen Traum der späten 1920er Jahre, und es fehlt auch nicht das wohl umstrittenste Projekt, der KdF-Wagen, später Volkswagen, den Ferdinand Porsche im Auftrag der nationalsozialistischen Regierung entwickelte.

**Herr Piëch, warum ist es Ihnen besonders wichtig, das Werk und die Persönlichkeit Ihres Großvaters zu würdigen?**

**Ernst Piëch:** Über meinen Großvater Ferdinand Porsche und die Familie wird unglaublich viel geschrieben, aber der Fokus liegt fast immer auf dem Geschäftlichen. Die persönlichen Aspekte wurden dagegen bisher kaum beleuchtet, obwohl sie für uns als Familie mindestens genauso wichtig sind.

**Können Sie sich an Ihre erste Begegnung mit Ihrem Großvater erinnern, oder gibt es eine besonders prägende Erinnerung an ihn?**

EP: Meine erste bewusste Erinnerung an meinen Großvater reicht ins Jahr 1932 zurück. Damals war meine Schwester Louise noch ein Baby, etwa ein Jahr alt, und sie hatte sich eine Tuberkuloseinfektion eingefangen. Um mich vor einer möglichen Ansteckung zu schützen, schickten mich meine Eltern nach Stuttgart zu meinen Großeltern. Was ich dort erlebte, ist mir bis heute lebhaft in Erinnerung. Ich wurde von meinen Großeltern geradezu verwöhnt, so sehr, dass ich gar nicht mehr nach Hause wollte. Ich hatte das Gefühl, sie hätten mich fast lieber gehabt als meine Eltern. Mein Großvater nahm mich sogar mit ins Konstruktionsbüro und zu anderen Terminen. Stellen Sie sich vor, ich war erst drei Jahre alt, und er zeigte mir am Zeichenbrett die Karosserie des „Käfers". Das war eine völlig neue Welt für mich.

**Warum völlig neu?**

EP: Alles war anders – sogar die Essenskultur. In Wien waren wir andere Dinge gewohnt, und plötzlich wurde ich mit der schwäbischen Spätzleküche konfrontiert. Er hat mich sehr verwöhnt, schenkte mir zum Beispiel ein Tretauto, mit dem ich durch die Villa fuhr. Die Spuren von den Stoßstangen, mit denen ich an den Türrahmen hängen blieb, sind heute noch zu sehen. Und dann war da die erste Modelleisenbahn, die ich von ihm bekam – ein echtes Highlight für mich. Überhaupt diese Villa in Stuttgart: Sie war mehr als nur ein Wohnhaus. Sie war die Keimzelle des Konstruktionsbüros, immerhin war ja eine Art Werkstatt angeschlossen. Dort wurden die ersten „Käfer" zusammengebaut. Es war faszinierend, das alles als Kind mitzuerleben.

**Erzählen Sie uns bitte, wie Ihr Großvater zuhause war. Es heißt ja, er sei immer so impulsiv gewesen?**

EP: Er hat mich total verwöhnt. Aber er war selten zuhause. Eine Eigenart von ihm war, dass er nach dem Mittagessen immer einen viertelstündigen Schlaf hielt, bei dem ihn niemand stören durfte. Dafür hatte er einen speziellen Sessel, in dem er seinen Mittagsschlaf machte. Er hatte ein sehr gutes Verhältnis zur Familie, zu allen. Wenn ich die Großeltern Piëch und Porsche vergleiche, würde ich sagen, dass wir ein viel engeres Verhältnis zur Porsche-Seite hatten. Die Großeltern Piëch waren eher distanziert. Dagegen war meine Großmutter Aloisia Porsche sehr offen und warmherzig. Ich habe viel mit ihr erlebt, auch ihre persönlichen Probleme.

**War Ihr Großvater im Umgang mit Ihnen eher streng oder liebevoll?**

EP: Von Strenge habe ich überhaupt nichts bemerkt. So eine Verwöhnung, wie ich sie erlebt habe, hat keines meiner Geschwister erfahren. Er ist auf jede meiner Fragen eingegangen und hat sie ausführlich beantwortet. Er war unglaublich zugänglich und herzlich.

**Er war zweifellos ein vielbeschäftigter Konstrukteur. Hatte er für private Dinge überhaupt noch Zeit?**

EP: Er nahm sich die Zeit. Es gibt einige Geschichten, die das zeigen. Zum Beispiel, wenn wir irgendwo in Österreich unterwegs waren, hat er oft gesagt: „Da gibt es ein Gasthaus, das ein ausgezeichnetes Gulasch hat." Er war immer auf der Suche nach gutem Gulasch, das war seine Spezialität in Österreich. Dafür war er sogar bereit, große Umwege zu fahren. Er hatte auch ein Stammlokal in Wien, wo das Gulasch besonders gut war. Dazu hat er ein gutes Bier geschätzt.

**Und er war auch Segler? Er besaß ja ein Segelboot.**

EP: Ja, es wurde in Velden am Wörthersee gebaut, ein Kajütboot, zwölf Meter lang, aus Holz. Auf diesem Boot bin ich auch mit ihm gesegelt. Ich erinnere mich an einen Sturm, bei dem er zu mir sagte: „Du weißt schon, dass ich nicht schwimmen kann. Schau, dass du das Boot ordentlich heimbringst!" Und das haben wir dann auch geschafft.

**Wie war es mit der Jagd? War das auch eines seiner Hobbys?**

EP: Nein, das weniger. Das waren eher mein Vater, mein Onkel und gelegentlich meine Mutter. Mein Großvater war selten dabei, und wenn, dann haben sie ihm meistens einen bestimmten Hirsch ausgesucht und ihn dorthin gebracht, damit er ihn schießen konnte.

**Welche konkreten Erlebnisse verbinden Sie mit ihm?**

EP: Eine Sache bleibt mir besonders im Gedächtnis: Er ist unglaublich aggressiv gefahren. Das kam wohl aus seiner Zeit als Rennfahrer. Sein erster Erfolg war 1900 in Paris mit dem elektrischen Lohner-Porsche. Damals muss er schon allen davongefahren sein. Sein Wagen hatte drei Gänge, während die seiner Konkurrenten nur einen hatten.

*Und er war auch Segler?*
*Er besaß ja ein Segelboot.*

„Ich erinnere mich an einen Sturm,
bei dem er zu mir sagte:
‚Du weißt schon, dass ich nicht
schwimmen kann. Schau, dass du das
Boot ordentlich heimbringst!'
Und das haben wir dann auch geschafft."

**Sie haben sich offenbar gut gemerkt, wer welchen Fahrstil hatte?**

EP: Absolut! Meine Mutter fuhr ähnlich wie mein Großvater. Damals rochen die Autos stark nach Benzin, und mir wurde oft schon kurz nach der Abfahrt übel. Bei einer Dreizehn-Stunden-Fahrt konnte das sehr anstrengend sein! Deshalb fuhr ich am liebsten mit meinem Onkel Ferry. Bei ihm wurde mir am wenigsten schlecht.

**Sie selbst haben auch die Zeit der Rennwagen miterlebt, nicht wahr?**

EP: Ja, ich war mit meinem Großvater am Nürburgring, zusammen mit Hans Stuck und dessen Freundin. Das habe ich alles miterlebt. Die Freundinnen standen dann immer mit mir und unserem Chauffeur Goldinger abseits und haben zugeschaut, während die Rennen liefen. Außerdem erinnere ich mich noch gut an Bernd Rosemeyer und Elly Beinhorn. Im Jahr 1937 war ich bei einer spektakulären Aktion dabei. Mein Großvater nahm mich mit, als Rosemeyer eine Rekordfahrt unternahm. Dabei erreichte er unglaubliche 404 Stundenkilometer. Ich durfte sogar kurz im Cockpit sitzen.

**War Ihr Großvater viel bei diesen Rennen unterwegs?**

EP: Meistens schon. Es war mehr oder weniger sein Risiko, dass die Autos durchhielten. Man muss sich das so vorstellen: Es war eine mutige Entscheidung, den Auto Union-Rennwagen nach einer Formel zu bauen, die praktisch nur das Gewicht vorschrieb. Auf einmal entstand ein Auto mit gut 1.000 PS. Das hat die Rennwelt völlig verändert – nicht nur in Bezug auf die Spitzengeschwindigkeiten, sondern auch, was die Risiken in den Kurven anging. Wobei die Reifen damals oft das größte Problem waren.

**Und wie lief das ab, wenn er Sie in die Firma mitgenommen hat?**

EP: Diese Besprechungen im internen Konstruktionsbüro waren für mich ein echtes Erlebnis. Er hatte ein sehr, sehr gutes Verhältnis zu seinen Mitarbeitern und hat ihre Ideen auch finanziell belohnt. Das führte dazu, dass bei einem Firmenwechsel oft viele Ingenieure zusammen mit ihm wechselten. Die Ideen, die später so erfolgreich wurden, stammten meist nicht von einer einzelnen Person, sondern entstanden in einer Gruppe. Durch diese Zusammenarbeit kamen vielseitige und innovative Konzepte zustande, die sich auch finanziell auszahlten.

**Die Ingenieure – wie Komenda, Reimspieß, Rabe – wurden von Ihrem Großvater regelmäßig auch zum Essen nach Hause eingeladen. Kannten Sie die auch?**

EP: Ich kannte sie sehr gut. Der Sohn von Karl Rabe war in meinem Alter, und wir haben uns gut verstanden. Er wurde später Personalchef bei Porsche. Diese Diskussionen zu Hause fand ich immer sehr spannend, auch wenn ich als Jugendlicher natürlich nicht alles verstehen konnte. Es ging dabei meist um die neuesten Entwicklungen und Ideen.

**Als Konstrukteur war er sehr zielgerichtet, aber war er auch ein großer - heute würde man sagen - Teamplayer?**

EP: Ich habe ihn als einen der wenigen Ingenieure erlebt, die Ideen von anderen nicht nur akzeptieren, sondern auch hervorheben konnten. Er hat oft gesagt: „Schaut, das ist eine großartige Idee!“ Ich erinnere mich, wie wir einmal in Paris auf einer Automobilausstellung waren. Dort zeigte er mir einen Motor und sagte: „Schau dir das an! Das ist ein luftgekühlter Motor. Der sieht sehr gut aus! Die Zylinderköpfe sind viel besser als unsere.“ Er hat die Qualität und die Innovation anderer erkannt und anerkannt, und genau das trug dazu bei, dass die Ergebnisse seiner Arbeit oft herausragend waren.

**War er in der Familie genauso offen für andere Meinungen?**

EP: Ja, das war er.

**Hat Ihr Großvater Sie beeinflusst oder geprägt, vielleicht sogar mehr als Ihre Eltern?**

EP: Ich denke schon. Zu meinem Vater hatte ich fast keinen Kontakt, er war einfach zu selten zuhause. Wir waren kaum zusammen, weil er entweder in Wolfsburg war oder ich in der Schule in Klagenfurt. Nur in Zell am See haben wir eine Zeitlang etwas mehr Zeit miteinander verbracht. Aber insgesamt habe ich ihn nur wenig erlebt.

**Das heißt, Ihr Großvater war für Sie eigentlich mehr eine Vaterfigur?**

EP: Wesentlich mehr, ja.

**Es klingt, als hätte Ihr Großvater Sie früh in seine Welt der Technik eingeführt.**

EP: Es hat unsere Beziehung sehr geprägt, dass er mich immer zu solchen spannenden Terminen mitgenommen und mir seine Arbeit gezeigt hat. Für ihn war es wichtig, dass ich Techniker werde.

*Mit Franz Xaver Reimspieß im Stuttgarter Konstruktionsbüro, ca. 1937.*

**War das auch Ihr eigener Wunsch?**

EP: Ich hätte mir durchaus vorstellen können, Ingenieur zu werden, und das hatte viel mit seinem Einfluss zu tun. Aber dann kam alles anders. Es herrschte Krieg, und mein Vater übernahm mehr oder weniger die Leitung in Wolfsburg. Gegen Kriegsende versammelte sich die Familie dann in Zell am See auf dem Schüttgut. Nach dem Krieg reisten mein Vater, mein Großvater und mein Onkel Ferry nach Paris, weil die damalige Regierung ein VW-ähnliches Auto bauen lassen wollte. Aber diese Regierung wurde abgewählt, während sie unterwegs waren.

**Was passierte dann?**

EP: In Baden-Baden wurden die Drei verhaftet und später vor Gericht gestellt. Es steht zu vermuten, dass die Verantwortlichen von Renault Angst hatten, nach dem Krieg als Kollaborateure angesehen zu werden, weil sie während des Krieges mit meinem Großvater und meinem Vater über die Produktion von „Kübelwagen" verhandelt hatten. Offenbar um sich selbst zu schützen, hatten sie die beiden angezeigt. Man beschuldigte sie, an Kriegsverbrechen beteiligt gewesen zu sein, aber das erwies sich später als unwahr.

**Wie ging es weiter?**

EP: Mein Großvater und mein Vater kamen ins Gefängnis, während mein Onkel Ferry zurückgeschickt wurde. In dieser Zeit lernte er auf dem Schüttgut Carlo Abarth kennen, den Mann der früheren Sekretärin meines Vaters, Maria. Abarth war im Krieg nach Jugoslawien geflüchtet und hatte dort für Tito Autos repariert. Nach dem Krieg arbeitete er bei Cisitalia in Italien und brachte uns den Auftrag für einen Rennwagen. Es war eine immense Summe Geld. Wir konnten damit die Kaution für meinen Vater und meinen Großvater bezahlen und sie so aus dem Gefängnis befreien.

*Die Ära der „Porsche" genannten Sportwagen begann erst nach dem Zweiten Weltkrieg. Und die, sagt Piëch, seien ja „Stuttgart", also „der Onkel", der 1948 in Gmünd mit dem 356 „Nr. 1" Roadster den Grundstein für die Sportwagenfirma legte, die dann wenig später nach Stuttgart umzog. Anderen, ebenfalls nach Porsche benannten Produkten des Hauses fühlt sich Ernst Piëch besonders verbunden. Sie finden sich im geräumigen Keller des Museums, der als Scheune dekoriert ist: eine spektakuläre Sammlung von rund dreißig Traktoren. Auf solchen Ackerschleppern hat er als Teenager auf dem Familiengut in Zell am See fahren gelernt, bevor der Onkel ihn ans Steuer eines „Käfers" ließ. Und es zählt noch etwas anderes: Aufträge eines Landmaschinenherstellers retteten den Familienbetrieb nach dem Zweiten Weltkrieg vor der Pleite. „Ohne Traktoren hätte es die Porsche-Sportwagen nie gegeben", sagt Piëch.*

**Wie haben Sie die ersten Schritte nach dem Krieg in Zell am See erlebt?**

EP: Wir haben damals angefangen, „Kübelwagen" zu reparieren, die beispielsweise Tierärzte fuhren. Sie trugen dazu bei, dass wir uns über Wasser halten konnten, ebenso wie die landwirtschaftlichen Geräte, die wir herstellten oder reparierten. Persönlich erinnere ich mich, dass in der Werkstatt ein zerlegter Holzgas-Traktor stand. Mein Onkel Ferry sagte zu mir: „Du willst doch Ingenieur werden, also baue den zusammen." Das habe ich dann gemacht, und der Traktor lief tatsächlich.

**Ein Vorzeichen für Ihren weiteren beruflichen Lebensweg?**

EP: Nach meiner Matura in Klagenfurt habe ich im Konstruktionsbüro in Gmünd einige technische Zeichnungen angefertigt. Allerdings habe ich meinem Großvater später einmal gestanden, dass ich nicht glaube, hinter einem Reißbrett alt zu werden. Daraufhin meinte er: „Du musst ja nicht am Reißbrett stehen. Jetzt gehst du in die Werkstatt, von Maschine zu Maschine, und lernst dabei, wie man produziert." So wurde ich in Richtung Arbeitsvorbereitung ausgebildet. Später habe ich bei Allgaier in Uhingen genau in diesem Bereich gearbeitet. Die Produktion war für mich viel interessanter als das Konstruieren.

**Wie waren die Wohnverhältnisse auf dem Schüttgut?**

EP: Insgesamt waren wir 35 Familienmitglieder, die dorthin geflüchtet waren. Das Schüttgut war für so viele Bewohner nicht geschaffen. Wir haben in Notbetten geschlafen – ich zum Beispiel hatte im Badezimmer ein Brett über der Badewanne als Schlafplatz. Das haben wir aber gut überstanden.

**Kann man sagen, dass Ihr Großvater der Verbindungspunkt zwischen allen Familienmitgliedern war?**

EP: Er hat sicherlich viel dafür getan, dass die Familie gerne zusammenkam. Er hat die Voraussetzungen geschaffen, damit überhaupt Diskussionen stattfinden konnten. Aber er war immer jemand, der bereit war, gemeinsame Gespräche zu führen, um zu einem Ergebnis zu kommen. Dabei hat er seine eigenen Ansichten auch immer wieder hinterfragt.

**Das Verhältnis Ihrer Mutter zu Ihrem Großvater schien auch sehr eng gewesen zu sein?**

EP: Die beiden waren sehr verbunden. Meine Mutter hat immer versucht, so oft wie möglich den Kontakt zu ihm zu halten, egal, in welcher Situation. Besonders spürbar wurde das nach dem Krieg, als alles ins Wanken geriet und unklar war, wie es weitergehen sollte. Sie musste dann die Initiative ergreifen und hat das auch gut gemacht, obwohl die Perspektive zunächst sehr düster war.

**Ihre Mutter hatte ursprünglich eher künstlerische Neigungen und wollte weder Geschäftsfrau noch Ingenieurin werden. Wie ist Ihr Großvater damit umgegangen?**

EP: Er hat das akzeptiert. Sie wurde von ihm dennoch immer in geschäftliche Diskussionen einbezogen, und ihre Meinung wurde respektiert. Meine Mutter wusste aber auch genau, was sie wollte, und hatte ihre eigene Philosophie, die nicht immer von allen akzeptiert wurde. Es gab immer wieder Diskussionen, aber sie blieb dabei.

**Wie haben Sie das Verhältnis Ihres Vaters zu Ihrem Großvater erlebt? Ihr Bruder erzählte uns, dass sie nicht immer einer Meinung waren. Er sprach von zwei „Alphatieren", die durchaus heftig miteinander gestritten hätten.**

EP: Es gab tatsächlich oft heftige Diskussionen zwischen den beiden. Besonders ein Punkt war immer wieder Thema: Mein Großvater verlangte für seine Leistungen oft viel zu wenig, was meinen Vater zur Verzweiflung brachte. Er war der festen Überzeugung, dass dies ein großer Fehler war. Sie haben ordentlich gestritten, und das ging nicht immer leise vonstatten. Es zeigt, wie mein Großvater war: Die Finanzen waren für ihn nie ein zentrales Thema. Er war mehr an der technischen und kreativen Arbeit interessiert. Doch weil er das Finanzielle oft ignorierte, wurde es immer wieder zum Problem. Mein Vater überwachte deshalb die Finanzen genau und war dafür zuständig, das Unternehmen finanziell abzusichern. Das zeigt, wie sehr beide sich in ihren Kompetenzen ergänzten – mein Großvater als visionärer Techniker und mein Vater als derjenige, der die finanzielle Basis sicherte.

***Haben Sie noch irgendein Erinnerungsstück oder einen besonderen Gegenstand von Ihrem Großvater?***

„Ich habe ein einziges Bild
*(zeigt das Foto von sich als Jugendlichen bei einer Testfahrt mit dem Großvater).*
Es war ein aufregendes Erlebnis –
ich hatte wirklich Angst, denn die Situation war schon sehr gefährlich.
Das ist das einzige persönliche Erinnerungsstück von ihm.“

**Trotz aller Gegensätze – das gegenseitige Vertrauen muss sehr groß gewesen sein.**

EP: Durchaus, und das über fast 30 Jahre. Mein Vater begleitete meinen Großvater eng auf der finanziellen Seite. Besonders in der Zeit nach dem Krieg gab es sehr viele offene Fragen: Was machen wir mit den Maschinen? Was passiert mit den handgefertigten Porsche-Wagen? Und natürlich immer wieder die Grundsatzfrage: Bleiben wir in Österreich, oder gehen wir nach Deutschland? Schließlich bekamen wir von Volkswagen einen Generalimporteur-Vertrag für Österreich. Später bekamen wir die Lizenzgebühren für den Volkswagen. Wenn man bedenkt, wie schnell zigtausende von „Käfern" produziert wurden, war das eine beachtliche Einnahmequelle. Den Vertrag hatte mein Vater damals noch ausgehandelt, zusammen mit dem Volkswagen-Chef Heinrich Nordhoff, meinem späteren Schwiegervater. Leider verstarb mein Vater völlig unerwartet schon 1952, und ab diesem Zeitpunkt übernahm meine Mutter Louise die Verantwortung. Sie führte das Geschäft erfolgreich weiter. Das war eine entscheidende Weichenstellung für unser Unternehmen. Mein Onkel Ferry leitete die Firma in Stuttgart, während wir in Österreich tätig waren. Beide Seiten waren gegenseitig beteiligt.

**War oder ist Ihr Großvater für Sie ein Vorbild?**

EP: Ja, auf jeden Fall, vor allem in der Art und Weise, wie er seine Familie behandelt hat. Das war für mich ein Vorbild, ja. Sogar mehr als mein Vater. Mein Vater war oft „übermäßig streng", das habe ich durchaus so erlebt. Mit meinem Großvater war das Verhältnis ganz anders, viel familiärer.

**Würden Sie sagen, Sie hatten von allen Enkeln das engste Verhältnis zu Ihrem Großvater? Sie waren ja der Älteste unter den Enkeln?**

EP: Ich glaube schon, dass die Jüngeren alle weniger Kontakt zu ihm hatten. Vor allem, weil er nach seiner Rückkehr aus der Gefangenschaft bereits schwer beeinträchtigt war. Ich erinnere mich, wie er einmal sagte: „Jetzt weiß ich gar nicht mehr, wie ich zählen soll." Das zeigt, dass er da schon Probleme mit Zahlen hatte. Das war allerdings in den letzten Jahren seines Lebens.

**Wie haben Sie es erlebt, als es mit ihm zu Ende ging?**

EP: Das ging ziemlich schnell. Er hat einen Schlaganfall nicht überlebt. Damals gab es noch keine medizinischen Möglichkeiten, wie wir sie heute kennen – Operationen oder Behandlungen, wie sie heute üblich sind, waren damals unbekannt. Die Gefangenschaft hatte bei ihm wie auch bei meinem Vater tiefe Spuren hinterlassen. Ich kann mich noch erinnern, dass mein Vater aus der französischen Gefangenschaft zurückkam und völlig untergewichtig war. Diese körperliche und die seelische Verfassung nach der Gefangenschaft war ein großes Problem – für meinen Vater genauso wie für meinen Großvater.

**Haben Sie eine Erinnerung an die Beerdigung Ihres Großvaters?**

EP: Die Beerdigung fand in Zell am See statt. Wir hatten damals noch eine Art Hotel in der Nähe des Schüttguts, das aus Ferienwohnungen für unsere Angestellten in Salzburg bestand und ein großes Restaurant beinhaltete. Dort fand dann nach der Bestattung eine große Gedenkveranstaltung statt. Das war sehr beeindruckend – es kamen unglaublich viele Menschen.

**Haben Sie noch irgendein Erinnerungsstück oder einen besonderen Gegenstand von Ihrem Großvater?**

EP: Ich habe ein einziges Bild (zeigt das Foto von sich als Jugendlichen bei einer Testfahrt mit dem Großvater). Es war ein aufregendes Erlebnis – ich hatte wirklich Angst, denn die Situation war schon sehr gefährlich. Das ist das einzige persönliche Erinnerungsstück von ihm.

*Ohne Besichtigung des neuen, lichtdurchfluteten und geräumigen Anbaus kann kein Besuch des Museums zu Ende gehen. Von der Decke herab schwebt die penibel wiederaufgebaute Hansa-Brandenburg C1, bei deren Jungfernflug im April 2017 selbstverständlich Ernst Piëch persönlich im offenen Cockpit saß. Die Geschichte dieses Doppeldeckers gehört zu den vielen Mythen, die immer schon die Familien Porsche und Piëch umgeben. Piëchs gleichnamiger Onkel Ernst wurde im Ersten Weltkrieg in einer Maschine dieses Typs über Udine abgeschossen. Angetrieben wurde die Hansa-Brandenburg von einem Sechszylinder-Motor, den ausgerechnet Ferdinand Porsche einst konstruiert hatte. „Sein Geist schwebt hier überall", sagt Ernst Piëch.*

*Ferry Porsche (M.), sein Vater (r.) und Erwin Komenda mit dem 356 „Nr. 1" Roadster., dem ersten Fahrzeug, das den Namen Porsche trug, 1948.*

PORSCHE
K 45-286

*Porsche während der Einfahrt in New York auf dem Dampfer „Bremen", Oktober 1936.*

# Der Visionär

*Im Kreise von Flugpionieren: Ferdinand Porsche (mit dunklem Anzug und Fernglas) vor der Lohner-Etrich „Renntaube", 1911.*

*Rechts von ihm Camillo Castiglioni, links neben dem Propeller Lilli Steinschneider, Österreichs erste Fliegerin.*

*Radnabenmotoren setzte Austro-Daimler Anfang des 20. Jahrhunderts auch bei Lastkraftwagen ein.*

LN-4888

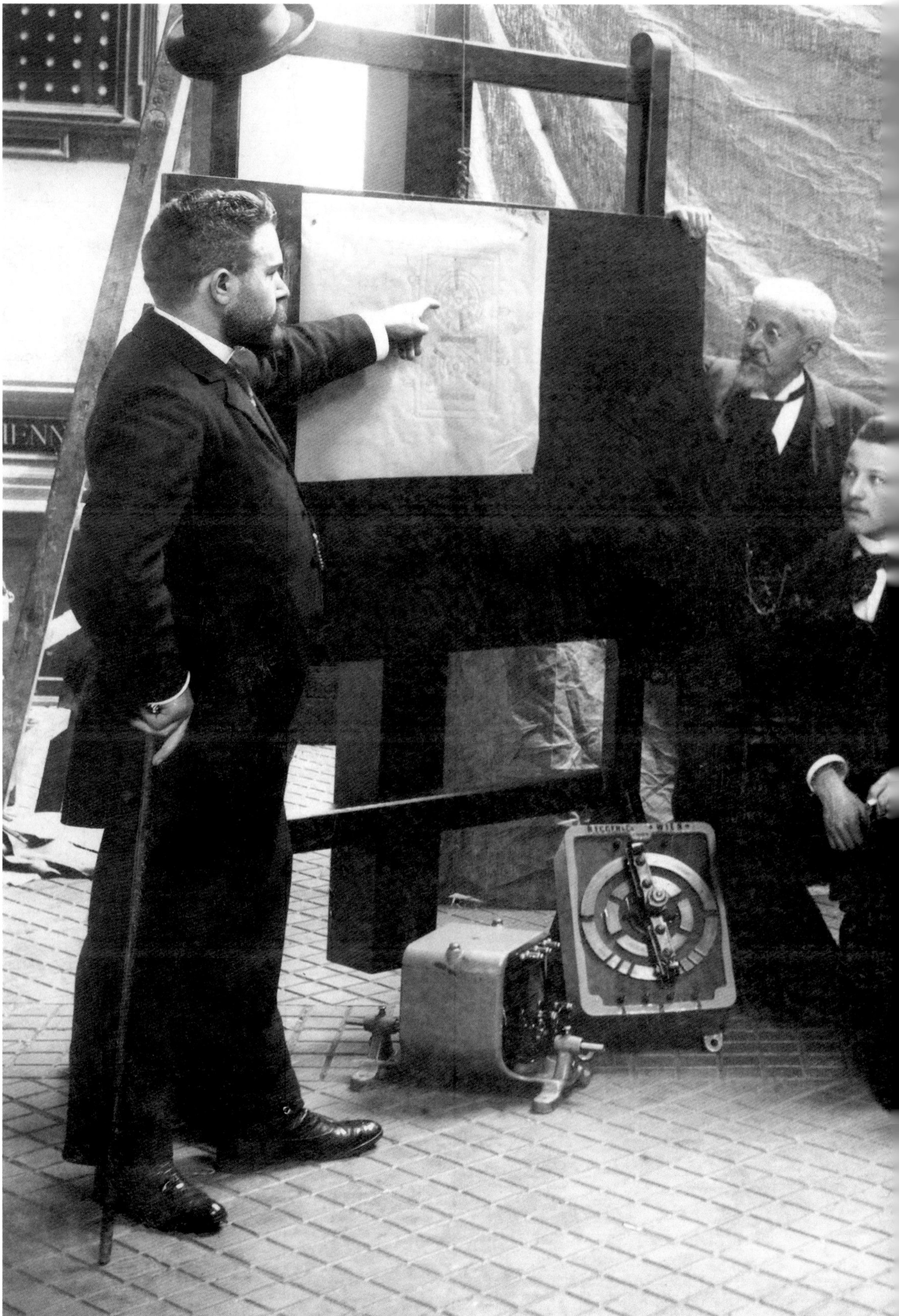

*Ferdinand Porsche (rechts mit Notizbuch) bei der Elektrofirma Bela Egger & Co. während einer Besprechung mit Betriebsleiter Wessel und Ingenieuren, 1895.*

aufgenommen April
vor Abreise nach Wien

*Von Jugend an galt sein besonderes Interesse der Elektrotechnik. Es gipfelte in der Installation einer elektrischen Lichtanlage im väterlichen Haus.*
*Das Foto zeigt den 18-jährigen Porsche, 1893.*

*Porsche (r.) bei der Außenmontage für die Firma Bela Egger & Co., später Vereinigte Elektrizitäts AG, Wien-Favoriten, 1896.*

JACOB LOHN

*Als Beifahrer auf einem Lohner-Porsche Elektromobil mit vier Radnabenmotoren mit jeweils 2,5 PS Leistung für Renneinsätze, 1900.*

*Wenn er nicht selbst fuhr, war Porsche ein interessierter Beobachter seiner Rennwagenkonstruktionen.*

*Riesrennen in Graz, 1922: Porsche (mit Mütze) rechts am Austro-Daimler „Sascha" Typ ADSR-I, rechts vor ihm Sohn Ferry. Links am Auto: Graf Alexander („Sascha") Kolowrat.*

Sascha

*Porsche am Steuer eines Lohner-Porsche „Mixte" beim Exelbergrennen, 1902.*

*Kaisermanöver bei Sasvar in Ungarn, 1902: Erzherzog Franz-Ferdinand lässt sich von Porsche in einem „Mixte“ in das Manövergebiet fahren.*

*Mit dem Alpenwagen in den Bergen. Testen im Wettbewerb gehört bis heute zu de Grundprinzipien bei Porsche.*

B-509

*Familie Porsche genießt die Ausfahrt im Alpenwagen.*

B-510

*Targa Florio, 1924. Porsche rechts am Mercedes-Kompressor-Wagen, am Steuer Alfred Neubauer, dahinter sein Beifahrer Hemminger.*

# „Er hat Großartiges geschaffen."

Dr. Wolfgang Porsche
im Gespräch über
seinen Großvater
Ferdinand Porsche

Wolfgang Porsche, Jahrgang 1943, ist der jüngste der insgesamt acht Enkel Ferdinand Porsches. Der promovierte Handelswissenschaftler hat, das kann man mit Fug und Recht sagen, maßgeblichen Einfluss innerhalb der Autodynastie. Er vertritt den Porsche-Zweig der Familie Porsche-Piëch nach innen und außen. Seit 2007 ist er Aufsichtsratsvorsitzender der Porsche AG und der Porsche Automobil Holding SE, zudem Aufsichtsratsmitglied der Volkswagen AG und der Audi AG.

Das Treffen findet an einem strahlenden Herbstmorgen in einem lichtdurchfluteten Konferenzraum der Porsche Holding Salzburg statt. Die Adresse lautet Louise-Piëch-Straße 2, und damit ist schon fast alles gesagt. Denn Salzburg steht, besonders im Jargon der Porsche-Familie, für „die Tante", also Louise Piëch.

Ferdinand Porsches Kinder, die Geschwister Louise und Ferry, verlegten 1949 den Firmensitz der Porsche Konstruktionen GesmbH von Gmünd nach Salzburg. Während Louise und Ehemann Anton Piëch in Salzburg die Entwicklung des VW-Imports nach Österreich forcierten, kehrte Ferry Porsche nach Stuttgart zurück und legte 1950 den Grundstein für die Sportwagenfertigung und damit für die heutige Porsche AG. Die beiden Porsche-Unternehmen in Stuttgart und Salzburg blieben immer im gemeinsamen Besitz der Geschwister Louise und Ferry. Sie haben gemeinsame Wurzeln, entwickelten sich aber zu eigenständigen Unternehmen, inzwischen unter dem Dach des Volkswagen-Konzerns. Die Porsche Holding Salzburg rühmt sich heute, Europas größtes und erfolgreichstes Automobilhandelshaus zu sein.

Wolfgang Porsche betritt den Raum, er ist ein Mann, der den leisen Auftritt bevorzugt. Pünktlich auf die Minute, wie immer. Freundlich, zugewandt und ein schelmisches Lächeln auf den Lippen, das kennzeichnet ihn.

**Herr Dr. Porsche, Sie sind der jüngste der acht Enkel. Waren Sie deshalb vielleicht der Liebling Ihres Großvaters?**

**Dr. Wolfgang Porsche:** Ob ich als Nesthäkchen der Liebling war, weiß ich nicht. Aber ich erinnere mich spontan an eine Begegnung in Stuttgart. Das muss 1950 gewesen sein. Ich weiß noch, wie ich im Gartenzimmer in der Villa am Feuerbacher Weg war. Mein Großvater kam von einer Reise zurück und brachte mir ein Spielzeug mit – ein kleines Lenkrad mit einem Saugnapf, das man irgendwo befestigen konnte. Ich habe damit stundenlang gespielt.

**Sie lebten zu diesem Zeitpunkt in Stuttgart?**

WP: Ja, wir sind Ende 1949 wieder zurück nach Stuttgart gezogen. Ich bin in Stuttgart geboren und war erst ein paar Monate alt, als wir 1943, während des Krieges, meine Geburtsstadt verließen und nach Zell am See zogen. Dort bin ich groß geworden und zunächst in die Schule gegangen. Mit etwa sechseinhalb Jahren kam ich dann wieder nach Stuttgart. Es war ein ziemliches Hin und Her in den damaligen bewegten Zeiten. Deshalb sage ich immer, ich bin ein österreichischer Schwabe (lacht).

**Damals haben Sie mit Ihren Eltern auch am Feuerbacher Weg gewohnt. War das, wie man heute sagen würde, ein Mehrgenerationenhaus?**

WP: Genau. Allerdings war das Haus schwer beschädigt. Sieben Brandbomben sind darauf gefallen. Als wir zurückkamen, war es zwar schon gereinigt und gesäubert, die Geschichten davon habe ich also nur gehört. Aber ich erinnere mich noch, dass in meinem Zimmer ein Parkettstück verbrannt war. Man hat es nicht ausgetauscht, weil es ein großes Brett war und – schwäbisch gedacht – „noch gut".

**Wie würden Sie Ihren Großvater als Person beschreiben? Wie hat er auf Sie gewirkt?**

WP: In der Familie war er lieb, vor allem zu uns Enkelkindern. Aber er konnte wohl auch impulsiv sein. Es gibt Geschichten, dass er in hitzigen Momenten seinen Hut auf den Boden warf und darauf herumtrampelte. Sein Chauffeur Goldinger hob ihn dann wieder auf, beulte ihn aus und wartete auf den richtigen Moment, um ihn meinem Großvater wieder zu überreichen.

**Im Beruf hatte er schon einen schwierigen Ruf, etwa bei Daimler oder anderen Firmen. Er blieb selten lange irgendwo, weil es immer Auseinandersetzungen gab, oder?**

WP: Bei Daimler kam 1927 die Fusion mit Benz, und plötzlich gab es zwei Entwicklungschefs und zwei Vertriebschefs. Auch bei Austro-Daimler und später bei Steyr gab es immer Konflikte, die zu einem

Schlagabtausch führten. Er ließ sich eben nichts vorschreiben. Das war letztlich einer der Gründe, weshalb er sich 1931 mit seinem Konstruktionsbüro selbstständig machte. Aber im Familienkreis war er, soweit ich das beurteilen konnte, ein anderer Mensch.

**Wie muss man sich das vorstellen, wenn er zu Hause war? War er ein Großvater, mit dem man auch mal kuscheln konnte, der einen an der Hand nahm? Oder war das zu der Zeit nicht üblich?**

WP: Gekuschelt habe ich mit ihm nie. Er hat mich sicher an die Hand genommen, aber ich erinnere mich nicht daran, dass ich je auf seinem Schoß saß.

**Wie hat Ihr Großvater eigentlich gesprochen?**

WP: Vor allem sprach er mit einem böhmischen Akzent. Es gibt dazu sogar eine Schallplatte, die der Süddeutsche Rundfunk anlässlich seines 75. Geburtstags aufgenommen hat. Da wird er interviewt, und ich erinnere mich an einen Satz aus dem Gespräch: „Herr Professor Porsche, werden Sie denn jetzt weiter so viel reisen?“ Und er antwortete: „Na ja, meine Frau sagte, mein Bett müsste Räder haben.“

**War er in der Familie eine unumstrittene Autorität?**

WP: Ja, das war er. Wenn er etwas anordnete, wurde es befolgt.

**Wie hat er die Familie geprägt? Ihren Vater, Ihre Tante, aber auch die nächste Generation. Welche Werte und Überzeugungen hat er Ihnen mitgegeben?**

WP: Sein technisches Verständnis war sicher überdurchschnittlich. Manche sagen sogar, es war genial. Er hatte Ideen, die er konsequent umsetzte, ausprobierte und verbesserte. Und das seit frühester Jugend. Ich habe ein Foto, auf dem ein Auto vor seinem Elternhaus in Maffersdorf steht. Das war um die Jahrhundertwende. Ein paar seiner Geschwister sind auch zu sehen. Er selbst ist auf dem Bild nicht zu sehen, sondern vermutlich im Haus bei den Eltern. Aber allein die Vorstellung, dass er damals mit dem Auto von Wien nach Maffersdorf gefahren ist, zeigt seinen Pioniergeist.

**Sie selbst haben ihn bewusst eigentlich nur in Stuttgart in der kurzen Zeit nach der Gefangenschaft bis zu seinem Tod erlebt?**

WP: Ja, das stimmt. An meinen Großvater auf dem Schüttgut, wo wir in Zell gewohnt haben, erinnere ich mich nicht. Ich glaube, er war damals in Gefangenschaft. Auch an meinen Vater habe ich wenige Erinnerungen aus dieser Zeit, denn er war oft unterwegs.

**Hat sich Ihr Vater Ferry von seinem Vater inspirieren lassen, was seine eigenen Projekte anging?**

WP: Mein Vater hatte auch eine große Vorstellungskraft und wohl gesagt: „Wenn ich mich umschaue, gibt es das Auto, das ich im Kopf habe, einfach nicht. Also baue ich es selbst."

**Es ist legendär, dass Ihr Vater damals schon an Porsche-Sportwagen geglaubt hat.**

WP: Alle haben ihn für verrückt gehalten. Wie konnte er in diesen Zeiten kurz nach dem Krieg an so etwas glauben? Viele dachten, man sollte lieber ein Fahrrad, ein Moped oder vielleicht ein kleines Motorrad bauen – aber einen Sportwagen? Doch mein Vater hatte eine klare Vision. Und es hat mich sehr für ihn gefreut, dass er recht behalten hat.

**Die überdurchschnittliche technische Begabung hat Ihr Vater also auch von seinem Vater geerbt?**

WP: Das kann man sagen. Aber er hat auch diplomatisches Geschick mitbekommen. Wahrscheinlich von seiner Mutter.

**Über die haben wir noch gar nicht gesprochen. Welchen Eindruck hatten Sie von Ihrer Großmutter?**

WP: Die Oma Porsche? Sie war eine ganz liebe Person.

**Welche konkreten Erinnerungen haben Sie an Ihre Großmutter?**

WP: Im Sommer habe ich sie oft in unserem Familiensitz am Wörthersee erlebt, zusammen mit der Oma Piëch. Im Frühjahr war die Oma Porsche meist bei uns in Stuttgart. Ansonsten waren die beiden Großmütter den Rest des Jahres in Zell am See, auf dem Schüttgut. Wir Kinder haben dort oft gewettet, wenn die beiden älteren Damen den Kiesweg hinaufgingen: Wer wird als Erste durch die Tür gehen? Das war nämlich nicht immer ganz einfach. Es gab ein offenes Küchenfenster, und manchmal blieb eine von ihnen stehen, um etwas zu fragen. Dann ging die andere vorbei. Das war damals für uns spannend. Aber das ist natürlich schon ewig her.

**Während des Krieges und auch danach, in Zell am See, am Wörthersee und an anderen Orten, scheint sich vieles auf Ihre Großeltern konzentriert zu haben. War Ihr Großvater so etwas wie ein Kristallisationspunkt, um den sich die Familie versammelte?**

WP: Es gab mehrere zentrale Orte: Stuttgart, Zell am See und den Wörthersee. Während der Zeit, in der die Großeltern noch lebten, haben sich dort tatsächlich alle versammelt. Daran erinnere ich mich.

**Waren Sie auch häufiger am Wörthersee?**

WP: Als Kind war ich oft dort. Ich hatte ein Zimmer mit Blick auf den Balkon und den See. Meine Eltern wohnten in einem Zimmer zur Straßenseite hin, mit einem Kachelofen. In meinem Zimmer gab es aber keinen Ofen. Wenn es im Spätsommer einmal regnete, bin ich abends daher oft in ein feuchtes Bett gestiegen. Es gab im Haus nur in einigen Zimmern Kachelöfen, wie im Esszimmer und in den Schlafzimmern meiner Eltern und der Tante. In den anderen Räumen gab es keine Heizung.

**Gab es denn einen zentralen Ort im Haus, wo sich alle versammeln konnten?**

WP: Anfangs nicht. Es gab ein Wohnzimmer, aber das war nicht groß genug, damit alle Platz hatten. Dort saßen die Älteren, und die anderen mussten weichen. Oder man saß im Esszimmer, dort gab es den Haupttisch und den sogenannten Katzentisch.

**Wissen Sie noch, welche anderen Hobbys oder Interessen Ihr Großvater neben der Arbeit hatte?**

WP: Das Segeln war definitiv ein großes Thema. Ich erinnere mich, dass ich als Bub jeden Tag die „Sia 4" ausgepumpt habe. Sie lag im Wörthersee an einer Boje. Ghislaine Kaes, der Sekretär meines Großvaters, war oft beim Segeln dabei, manchmal noch jemand anderes. Die Mitsegler fuhren zuerst mit einem kleinen Beiboot zur Boje, setzten die Segel, drehten eine Runde und holten meinen Großvater dann am Steg ab. Er selbst konnte nicht schwimmen.

**Er konnte nicht schwimmen?**

WP: Genau. Er stieg direkt auf das Boot, setzte sich an die Pinne und steuerte. Ich habe noch ein Modell von diesem Boot, das später leider in der Werft abgebrannt ist. Hinter der Pinne gab es eine Ablage für den Rettungsring. Mein Großvater saß auf der Luvseite, entweder Steuerbord oder Backbord – je nach Windrichtung –, und steuerte. Danach brachte man ihn zurück zum Steg, und das Boot wurde wieder zur Boje gebracht und abgetakelt.

**Und dabei hatte er sicherlich immer seinen Hut auf, oder?**

WP: Ja, ja, der Hut gehörte einfach zu ihm. Ohne Hut kannte man ihn in der Öffentlichkeit kaum. Es gibt wenige Bilder, auf denen er keinen trägt.

**War Ihr Großvater eigentlich auch Jäger?**

WP: Ich glaube nicht, dass er sehr intensiv gejagt hat. Es gab ein Jagdhaus in der Nähe von Wiener Neustadt. Mein Vater hingegen war leidenschaftlicher Jäger. Von ihm habe ich noch eine Trophäe, seinen letzten geschossenen Hirsch. Der hängt bei mir an der Trophäenwand. Aber vom Großvater habe ich nie eine Jagdtrophäe gesehen, nicht einmal auf Bildern.

**Hatte er noch andere Interessen? War er ein Leser? Hat er Zeitungen oder Bücher geschätzt?**

WP: An das Segeln erinnere ich mich sehr deutlich, und auch daran, dass er gern Auto gefahren ist. Aber ich bin mir nicht sicher, ob er ein intensiver Leser war. Ich glaube, er war mehr der praktische Typ, der lieber selbst etwas in die Hand nahm.

*Während des Gesprächs ist der Großvater ständig anwesend – auch physisch, in Gestalt einer Büste in einer Ecke des Konferenzraums. Sein Geist schwebt also auch hier überall. Darüber prangt ein Gemälde, das einen Porsche 356 neben der Originalbüste zeigt, die in Gmünd aufgestellt wurde. Nach Ferdinand Porsches Tod 1951, zu Ehren des wohl einflussreichsten Automobilkonstrukteurs des 20. Jahrhunderts.*

**Wie würden Sie das Verhältnis Ihres Vaters zu Ihrem Großvater beschreiben? Und gab es ein Konkurrenzverhältnis zwischen Ihrer Tante und Ihrem Vater, was die Gunst des Großvaters anging?**

WP: Nein, dazu war mein Vater viel zu besonnen und zu höflich. Er war ein echter Gentleman. Ich glaube, meine Tante Louise hatte – wie das oft bei Vätern und Töchtern ist – einen gewissen Vorteil, was die zwischenmenschliche Nähe betrifft. Mein Vater hingegen hat sich im Persönlichen oft zurückgenommen. Aber beim Thema Auto hat er das nicht getan. Ich denke, sein „Meisterbrief" war, als mein Großvater aus der Gefangenschaft zurückkam und sagte: „Ich hätte keine Schraube anders gemacht." Dabei ging es um den Rennwagen für Cisitalia, später hat er das beim 356 „Nr. 1" Roadster noch einmal bestätigt. Das war für meinen Vater eine große Anerkennung, wirklich ein Durchbruch, der ihn ermutigte, seinen Weg weiterzuverfolgen. Er blieb jedoch immer sehr bescheiden. Überheblichkeit oder Aufschneiderei waren ihm völlig fremd.

***Es heißt,***
***er hätte sogar einen***
***Adelstitel erhalten***
***sollen?***

„Ja, das war geplant.
Ferdinand Porsche von Propeller.
Aber dann kam der Krieg,
und es fand nicht mehr statt.“

**Hat er diese Bescheidenheit von Ihrem Großvater geerbt? Oder war Ihr Großvater anders?**

WP: Das kann ich nicht genau beurteilen. Aber im Geschäft hatte mein Großvater definitiv ein klares Bild. Für ihn musste die Technik immer Spitzenklasse sein. „Das muss so sein. Und wenn es nicht so ist, dann stimmt es nicht", war seine Haltung. Er hätte niemals ein technisches Teil schwächer gemacht, nur um Geld zu sparen.

**Und im Privaten? Hat er sich oder der Familie auch mal etwas gegönnt? Geschenke hat er anscheinend gerne gemacht.**

WP: Ja, ich besitze noch die Uhr, die er 1922 in Wien für meine Großmutter gekauft hat. Das ist eine kleine, ovale Patek Philippe. Ich habe alle Daten – wann sie gekauft wurde, wo in Wien, mit welcher Seriennummer. Das ist eine sehr schöne Erinnerung an meine Großmutter.

**Und an Ihren Großvater?**

WP: Von ihm habe ich noch eine Taschenuhr mit den Initialen „FP", die wir immer an die nächste Generation weitergeben.

**Man kann also sagen, er war durchaus großzügig. Und wir haben gehört, er war ein Kinoliebhaber?**

WP: Mein Vater erzählte, dass sie nach geschäftlichen Gesprächen in Berlin oft den Nachtzug nach Stuttgart nahmen. Wenn die Termine beendet waren und genügend Zeit bis zur Abfahrt des Zuges war, sind sie noch ins Kino gegangen. Mein Großvater hat dort sicher meistens geschlafen (lacht). Als Kinder gingen wir nämlich mit ihm auch in Stuttgart häufig ins Kino. Die Piëch-Kinder waren oft auch dabei. Wir saßen in einer Loge, ich als der Kleinste neben ihm, damit er ein Auge auf mich haben konnte. Irgendwann schaute ich rüber, und er schlief tief und fest. Natürlich habe ich ihn später gefragt: „Opa, wie fandest du den Film?" Seine Antwort war: „Sehr schön, sehr schön." Und als ich sagte, dass er doch geschlafen habe, meinte er nur: „Nein, nein."

**Das klingt nach schönen Erinnerungen.**

WP: Ja, solche Ruhezeiten brauchte er wohl. Er war ein Rastloser. Am Ende aber verließen ihn die Kräfte. Die heutige Bibliothek im Feuerbacher Weg wurde Anfang der 1950er für ihn in ein Schlafzimmer umgebaut. Es gab dort eine ebenerdige Ankleide, damit er keine Treppen steigen musste. Das wurde inzwischen bei einer Renovierung zurückgebaut.

*Für Segeltörns auf dem Wörthersee standen neben der „Sia 4" weitere Boote zur Verfügung.*

**War Ihr Großvater ein gläubiger Mensch?**

WP: Auf alle Fälle. Er ist auch sonntags in die Kirche gegangen. Und ich denke, besonders in der Gefangenschaft, in der er ja nach dem Krieg war, wird man vielleicht noch gläubiger. Man fragt sich, wo man Trost finden kann, wo man beten kann. Aber er war von Anfang an ein sehr gläubiger Mensch.

**Wann haben Sie eigentlich realisiert, in welche Familie Sie hineingeboren wurden? Insbesondere in Bezug auf das Werk und die Bedeutung Ihres Großvaters?**

WP: Das habe ich erst nach und nach verstanden.

**Bei welcher Gelegenheit?**

WP: Das wurde mir wohl ab der Zeit in der Waldorfschule in Stuttgart bewusst. In Zell am See war das kein Thema. Aber in Stuttgart wusste man, wer die Familie Porsche ist, und dass wir eine gewisse Bekanntheit hatten.

**Lag das daran, dass Mitschüler oder Lehrer Sie darauf angesprochen haben?**

WP: Es fällt mir jetzt keine konkrete Situation ein, aber die Lehrer haben es sicher gewusst. Und Mitschüler waren natürlich neugierig, vor allem, als die ersten Autos mit dem Namen Porsche auf den Straßen fuhren. Da wurde einem klar, dass man in einer besonderen Familie aufgewachsen ist.

**Was ist Ihre letzte Erinnerung in Verbindung mit Ihrem Großvater?**

WP: Sie hängt mit seinem 75. Geburtstag zusammen. Damals gab es einen großen Empfang im Schloss Solitude. Meine älteren Brüder durften alle mitgehen, aber ich nicht. Ich habe daher oft zu meinem Vater gesagt: „Ich verstehe nicht, warum ich da nicht mitdurfte." Sie hätten mich doch irgendwann heimschicken können, ich hätte ja nicht die ganze Zeit dabei sein müssen. Außerdem war da diese Sternfahrt mit den Autos am Schloss Solitude, und die Bilder davon habe ich überall gesehen. Dass ich das nicht miterleben durfte, hat mich tief getroffen. Ich war schon sehr traurig. Vor allem, als mein Großvater knapp fünf Monate später starb. Dann habe ich es erst recht nicht verstanden und immer wieder gedacht: „Damals war das letzte Mal, dass ich ihn außerhalb der Klinik hätte sehen können." Manchmal haben die Jüngsten eben nicht nur Vorteile.

**Haben Sie Erinnerungen daran, wie Ihr Großvater gestorben ist?**

WP: Ja, er starb im Stuttgarter Marienhospital. Ich habe ihn dort noch zwei- oder dreimal besucht, wenige Tage vor seinem Tod, vermutlich mit meinem Vater. Man wusste, dass es keine Chance mehr auf Gesundung gab. Es ging ihm immer schlechter.

**Hat sein Tod etwas in Ihnen ausgelöst? Immerhin war er der Patriarch der Familie, ein starker Mann, der am Ende schwer krank war.**

WP: Zu dieser Zeit war ich noch zu jung, um ihn als den starken Patriarchen zu sehen. Ich habe erst später realisiert, was er alles geleistet hat. In dem Moment konnte ich das noch nicht begreifen.

**War Ihr Großvater für Sie – oder ist er immer noch – ein Vorbild?**

WP: Ja. Er hat Großartiges geschaffen und viele technische Entwicklungen erfolgreich abgeschlossen. Nicht nur Rennwagen, sondern auch den Volkswagen und Konstruktionsaufträge für viele andere Marken. Und letztlich ist der 356, den mein Vater entwickelt hat, die Fortsetzung dessen, was der Großvater begonnen hatte. Sogar mit dem Prädikat meines Großvaters: „Ich hätte nichts anders gemacht." Da erkennt man schon einen roten Faden.
Mein Großvater hatte zwar die Voraussetzungen geschaffen. Aber auch für meinen Vater war es damals zu Beginn nicht leicht. Zum Beispiel einen Kredit zu bekommen, um die Firma Reutter kaufen zu können, als das notwendig wurde, das musste man erst einmal stemmen können. Das stellt man sich heute so leicht vor, war es aber nicht, es war ein Risiko. Vor allem, weil mein Vater immer auch auf eine gewisse Sicherheit für die Familie bedacht war. Und fürs Unternehmen natürlich.

**War das Erbe ihres Großvaters anzutreten für Ihren Vater nur Pflicht oder auch Vergnügen?**

WP: Es hat ihm schon Spaß gemacht. Wir waren oft bei Porsche Club-Treffen in den USA. Mein ältester Bruder Ferdinand Alexander war auch oft mit. Ich selbst habe sicher an mehr als einem Dutzend Porsche-Treffen teilgenommen. Das war dann allerdings schon später. Bei dem letzten Treffen waren mein Vater und meine Mutter dabei.

*Wolfgang Porsche mit seinen Brüdern Hans-Peter, Gerd und Ferdinand Alexander (v.l.n.r.), 1954.*

***Und Ihr Vater hat damals schon an Porsche-Sportwagen geglaubt?***

„Alle haben ihn für verrückt gehalten.
Wie konnte er 1947 an so etwas glauben?
Viele dachten, man sollte lieber ein Fahrrad,
ein Moped oder vielleicht ein kleines Motorrad
bauen – aber einen Sportwagen?
Doch mein Vater hatte einen langen Atem.
Steter Tropfen höhlt den Stein.
Und es hat mich unheimlich für ihn gefreut,
dass er recht behalten hat.“

**Und wie ergeht es Ihnen heute? Empfinden Sie auch einen Auftrag Ihres Großvaters und auch Ihres Vaters, die Firma weiterzuführen?**

WP: Ja, sicher. Sonst würde ich all die Ämter gar nicht ausüben. Ich denke natürlich daran, dass ich irgendwann auch mal aufhören sollte. Aber in der momentanen Situation wird mir immer wieder gesagt: „Bitte bleiben Sie an Bord. Weil wir Ihre ausgleichende Art brauchen." Das stimmt, ich bin oft um Ausgleich bemüht. Aber ich bin auch sehr klar, wenn es sein muss. Das liegt vielleicht in der Familie: Eins und eins ist zwei und nicht dreieinhalb, nur weil es sich einer wünscht.

**Gab es jemals ein Vater-Sohn-Gespräch, bei dem es um die Nachfolge ging?**

WP: Mein Vater wollte, dass ich das mache. Üblicherweise hätte es der Älteste machen sollen. Mein Bruder Ferdinand Alexander hat aber klargemacht, dass Hauptversammlungen und solche Dinge nicht seine Welt waren. Und irgendwann ab 2007 saß ich dann als Sprecher der Porsche-Familie im Aufsichtsrat. Das ist jetzt auch schon eine lange Zeit, und dafür bin ich sehr dankbar.

*Eine Reise in die familiäre Vergangenheit,*
*mit vielen Anekdoten und Erinnerungen.*
*Aber nicht nur. Auch im Jahr seines 150.*
*Geburtstags zeigt sich, wie stark Ferdinand Porsche*
*die Familie und das Unternehmen geprägt hat.*

*Le Mans, 1970, das Jahr des ersten Gesamtsiegs. Wolfgang Porsche mit Eltern Dorothea und Ferry.*

*Der Auto Union-Rennwagen geht auf eine Konstruktion von Ferdinand Porsche zurück – den Porsche Typ 22.*

# Der Familienunternehmer

*Flugzeugfahrgestell mit 120 PS-Sechszylinder-Austro-Daimler-Flugmotor in Wiener Neustadt, 1912.*

*Der Stromlinienwagen Porsche Typ 8 mit Reihenachtzylinder war lange der private Reisewagen Ferdinand Porsches.*

*Ferdinand Porsche auf der Baustelle in Stuttgart-Zuffenhausen, 1937.*

*Ernst Piëch, der Älteste unter den Enkeln, begleitete den Großvater immer wieder zu beruflichen Terminen, hier 1937.*

*Bei Testfahrten mit dem Porsche Typ 22 (Auto Union-Rennwagen).*

*Rekordfahrten mit dem Porsche Typ 22 (Auto Union-Rennwagen) auf der Autobahn, 1937.*

*Masaryk Grand Prix, Tschechei, 1934: (v.l.n.r) Ferdinand Porsche, Rennfahrer Hans Stuck, Auto Union-Direktor Wilhelm Werner und der deutsche Journalist Hundt.*

10
8

*Konstrukteure unter sich: Porsche im Gespräch mit Karl Rabe (l.) und Erwin Komenda (2.v.l.), im Hof der Porsche-Villa.*

*Der Chef persönlich bei Testfahrten mit einem Auto Union-Rennwagen (Porsche Typ 22).*

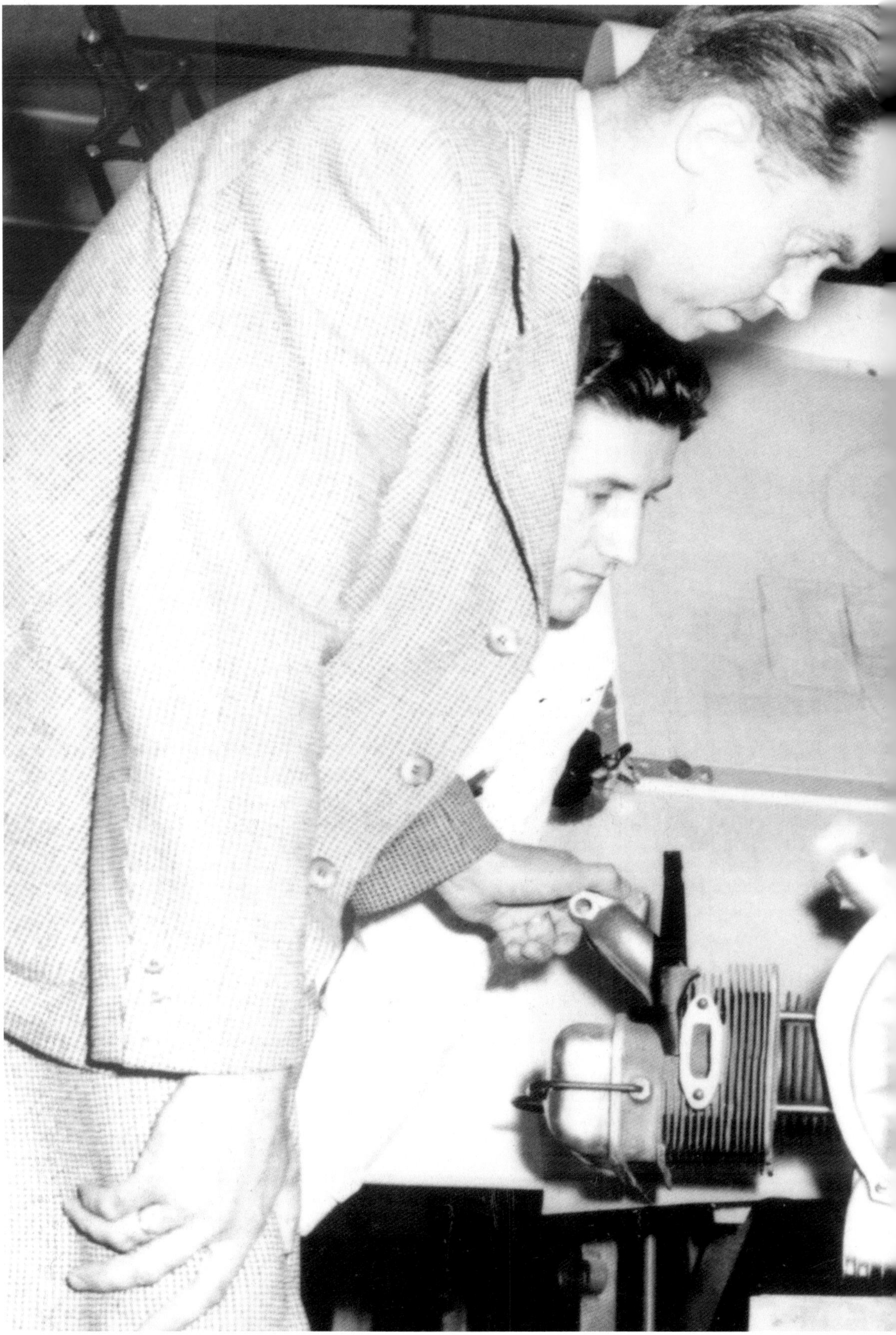

*Konstruktionsbüro, 1950: Vater und Sohn am Modell eines Boxermotors.*
*Links vorne Motorenexperte Leopold Jäntschke.*

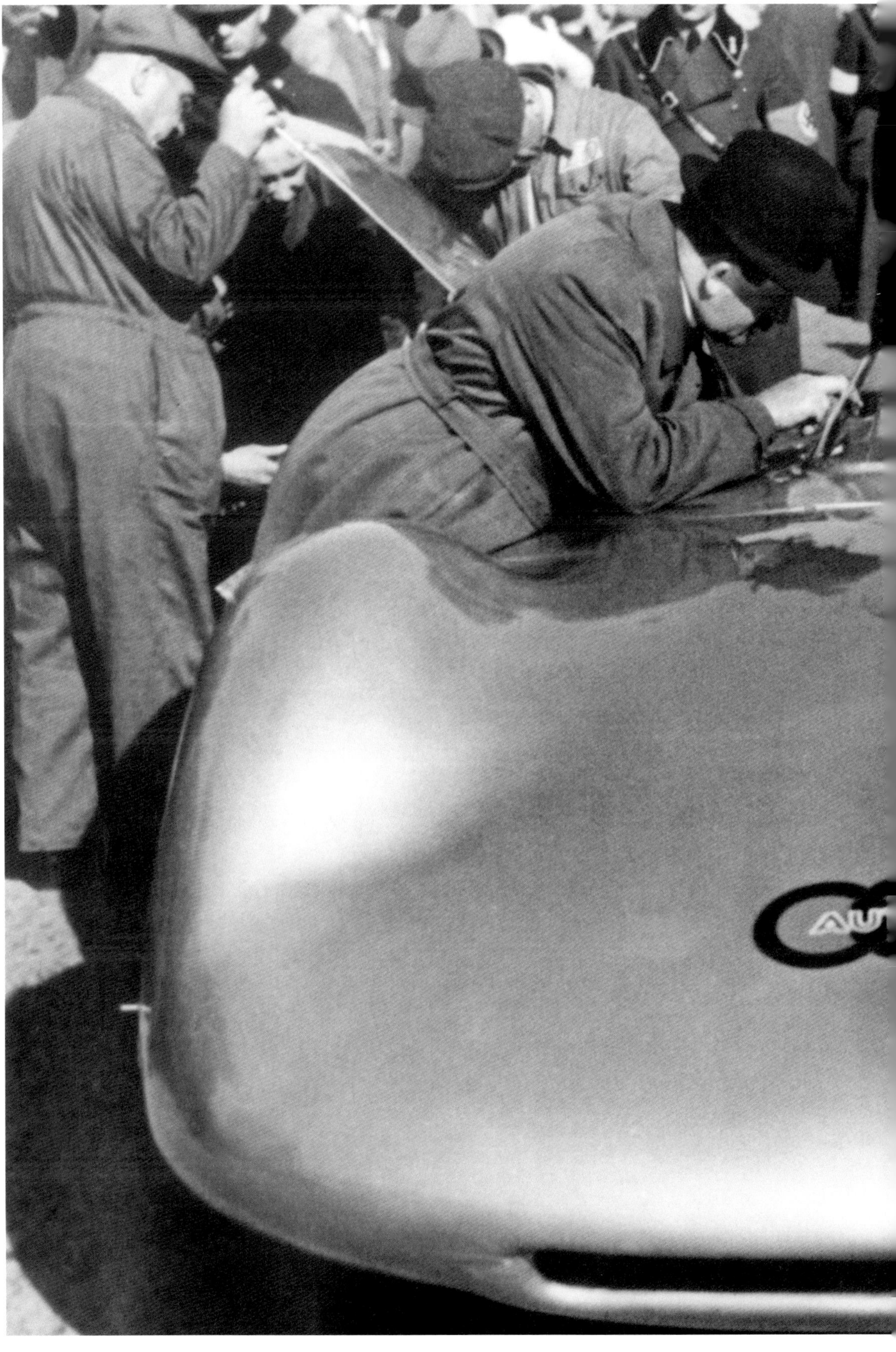


*Auto Union-Star Bernd Rosemeyer, in der vollverkleideten Stromlinienversion des Rennwagens, im Gespräch mit Ferdinand Porsche, 1937.*

*Auch 1950 kümmert sich Ferdinand Porsche noch um jedes Detail. Hier bei der Inspektion der Motoren der ersten Ausstellungswagen aus Stuttgarter Produktion.*

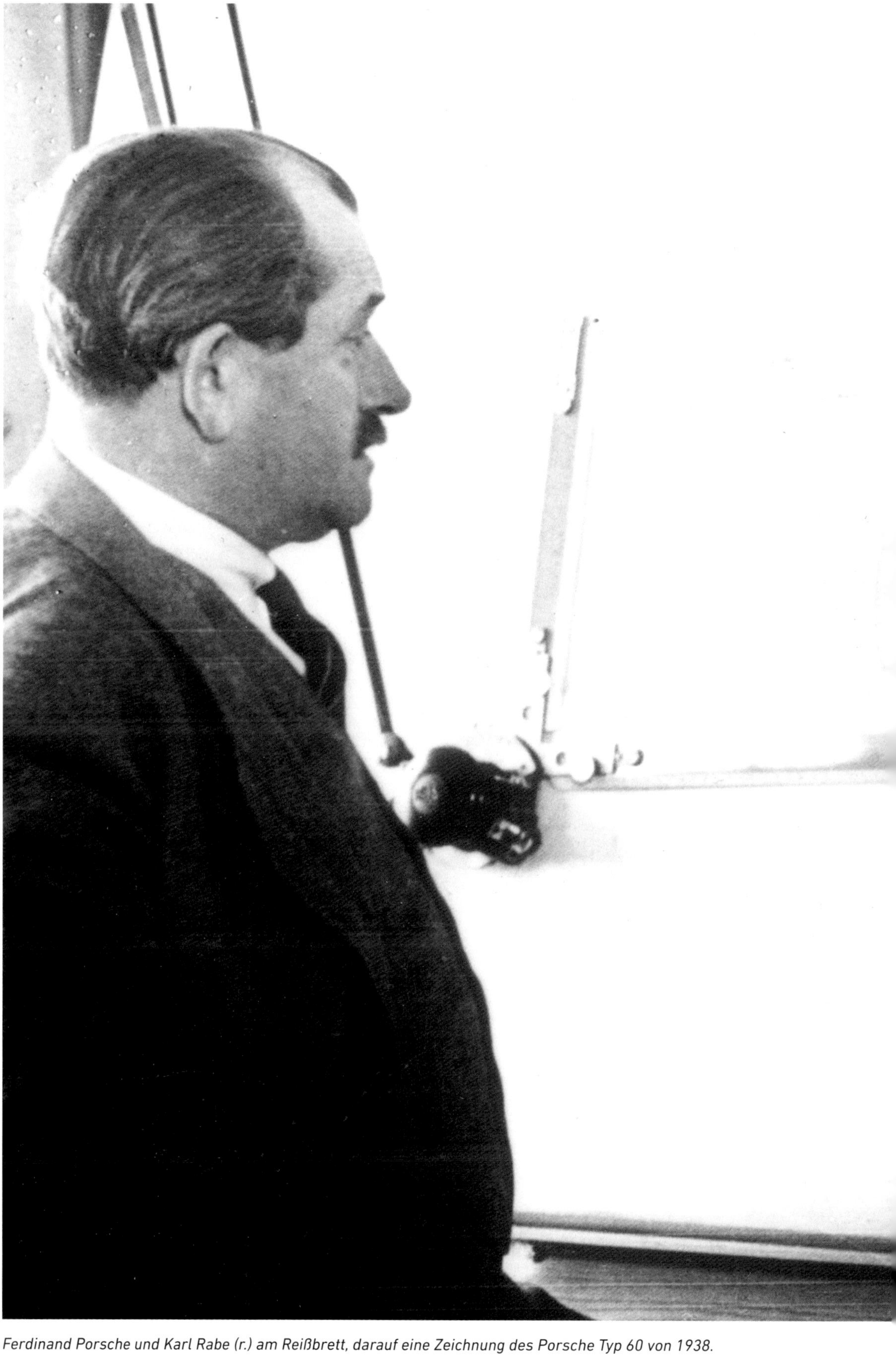

*Ferdinand Porsche und Karl Rabe (r.) am Reißbrett, darauf eine Zeichnung des Porsche Typ 60 von 1938.*

*Alpenversuchsfahrt, 1936: (v.l.n.r.) Ferdinand und Ferry Porsche, Kfz-Meister Rudolf Ringel und Porsches Chauffeur Josef Goldinger.*

STELVIO
S.CATERINA
38 STELVIO

*Auf dem Weg von Paris zum Dampfer „Bremen" in Cherbourg, 3. Oktober 1936.*

*Der Konstrukteur und sein Werk: Porsche mit einem Modell des VW-„Käfers".*

*Generationenwechsel: ein 356 aus Gmünder Produktion in Stuttgart – der Vater übergibt die Verantwortung an den Sohn.*

# „Er war in vielerlei Hinsicht ein Vorbild.“

Dr. Hans Michel Piëch
über seinen Großvater
Ferdinand Porsche

Eine Kanzlei in einem historischen Gebäude im 1. Bezirk Wiens, in bester Innenstadtlage unweit des Stephansdoms. Hier lädt Hans Michel Piëch zum Gespräch über seinen Großvater. Der promovierte Jurist, nach einem kurzen Ausflug als Geschäftsführer der damaligen Porsche KG (1971–1972) seit knapp 50 Jahren als selbstständiger Rechtsanwalt tätig, hat nie das Rampenlicht gesucht. Erst 2017, nach dem plötzlichen Rückzug seines bekannteren Bruders Ferdinand aus allen Ämtern und Firmenanteilen, trat Hans Michel Piëch als Sprecher seines Familienzweiges in die erste Reihe. Er ist stellvertretender Vorsitzender des Aufsichtsrats der Familienholding Porsche Automobil Holding SE und unter anderem Aufsichtsratsmitglied der Volkswagen Group, wo er sein Mandat vor kurzem bis 2029 verlängert hat.

Private Fotos des sechsfachen Familienvaters existieren kaum, er lebt sehr diskret, meidet gesellschaftliche Auftritte. Über ihn ist nicht viel mehr bekannt, als dass er eine Pilotenlizenz besitzt und – wie einst sein Großvater – leidenschaftlicher Segler ist. Ähnlich seinem Bruder Ernst und seinem Cousin Wolfgang Porsche ist auch er ein leiser und verbindlicher Gesprächspartner, der geduldig und bereitwillig auf jede Frage im Interview Auskunft gibt.

**Herr Dr. Piëch, was ist Ihre erste Erinnerung an Ihren Großvater Ferdinand Porsche?**

**Dr. Hans Michel Piëch:** Ich bin 1942 geboren und habe meinen Großvater zum ersten Mal bewusst zwei Jahre nach Kriegsende wahrgenommen. Er war ja 1945 zusammen mit meinem Vater Anton gefangen genommen und später nach Dijon gebracht worden. Diese Zeit war sehr schwierig für die Familie. Besonders eindrücklich war für mich der Moment, als er und mein Vater freikamen. Meine Geschwister und ich lebten damals mit meiner Mutter in der französischen Besatzungszone in Tirol, und wir fuhren nach Kitzbühel, um die beiden nach zwei Jahren wiederzusehen. Das war sehr emotional und prägte mich nachhaltig.

**Sie sind in Wien geboren und haben dort Ihre ersten Lebensjahre verbracht. Wie hatte sich die Familie während des Krieges organisiert?**

HMP: Ich bin in demselben Haus geboren, in dem ich heute noch wohne. In meinen frühen Jahren war mein Vater viel unterwegs, und meine Mutter hat sich um uns gekümmert. Gegen Kriegsende ist die Familie nach Zell am See gezogen, weil es dort sicherer war. Das war eine Zeit, in der viele andere aus der Familie ebenfalls dorthin kamen – nicht nur wir Piëchs, sondern auch die Porsches. Zell am See wurde der Sammelpunkt der gesamten Familie.

**Wie hat sich das Zusammenleben in Zell am See gestaltet?**

HMP: Wir haben gemeinsam auf dem Schüttgut gelebt – die Porsches und die Piëchs. Wir Piëchs hatten das Parterre, die Porsches den ersten Stock. Für uns Kinder war das etwas Besonderes, denn wir konnten so zweimal Weihnachten feiern. Einmal feierten die Porsches mit den Piëchs, und einmal die Piëchs mit den Porsches. Ich erinnere mich an ein Bild, vermutlich an Weihnachten 1945, das die ganze Familie mit praktisch allen Kindern unter dem Christbaum zeigt. Mein Vater und mein Großvater waren da allerdings in Gefangenschaft. In Zell am See haben wir nicht nur schwierige Zeiten überstanden, sondern auch die Traditionen gepflegt, die uns bis heute verbinden.

**Wie haben Sie Ferdinand Porsche nach seiner Rückkehr dort erlebt? War er ein Großvater, wie man ihn sich heute vorstellt oder war er eher unnahbar?**

HMP: Er war keinesfalls unnahbar, aber ein Großvater, der uns auf den Schoß nahm oder uns über den Kopf streichelte, war er nicht. Trotzdem war unser Verhältnis herzlich. Wenn er von einer Reise zurückkam, liefen wir Kinder ihm begeistert entgegen und fielen ihm um den Hals. Er war nie distanziert oder autoritär, auch wenn er eine sehr bestimmende Persönlichkeit war, besonders außerhalb der Familie. Seine Klarheit und Entschlossenheit zeigten sich in Diskussionen und Entscheidungen. Aber für uns Kinder blieb er ein Großvater, zu dem wir eine echte Nähe spürten.

**Gab es den Familienmenschen Ferdinand Porsche überhaupt, bei all den beruflichen Verpflichtungen, die er hatte?**

HMP: Für uns war er vor allem unser Großvater. Als Kinder hatten wir keine Vorstellung von seiner Bedeutung in der Welt oder seinen beruflichen Errungenschaften. Das war für uns nicht greifbar. Wir kannten ihn einfach als den Großvater, der ein Teil unserer Familie war. Die Verbindung zu seiner Arbeit entstand erst durch Werkstattbesuche in Gmünd. Dort konnten wir miterleben, wie die Autos entstanden. Besonders spannend waren die Fahrten von Zell am See nach Gmünd in Prototypen, die noch keine Karosserie hatten – Versuchsträger, bei denen Front und Heck lediglich mit Blechen abgedeckt waren. Für uns Kinder war das ein echtes Abenteuer.
Seinen 75. Geburtstag, der auf Schloss Solitude bei Stuttgart gefeiert wurde, habe ich auch in lebhafter Erinnerung. Es war ein großes Fest mit vielen Gästen und einer feierlichen Atmosphäre. Da wurde mir zum ersten Mal bewusst, welche Bedeutung mein Großvater hatte. Plötzlich erkannte ich, dass er nicht nur unser Großvater war, sondern ein außergewöhnlicher Mensch, der viel Achtung und Respekt genoss.

**Welche Rolle spielte Ihre Großmutter in der Familienstruktur?**

HMP: Meine Großmutter Aloisia war eher im Hintergrund. Sie war nicht so dominant oder präsent wie mein Großvater. Er hat schon das Kommando geführt. Ich erinnere mich, wenn sie mal ein wenig zu spät war, zum Beispiel vor einer Abfahrt, dann stand er unten und rief laut: „Lois, wo bist du?“ Für uns Kinder war diese Art zu kommunizieren schon ein bisschen ungewöhnlich, fast schon amüsant. Aber ich denke, sie hat das sehr ausgeglichen – sie war ruhig und geduldig.

**Wenn Ferdinand Porsche zu Hause war, war er dann wirklich „im Kreis der Familie", oder hat er – im übertragenen Sinne – die Arbeit mit nach Hause genommen und dort weitergemacht?**

HMP: In Zell am See war er ganz bei der Familie, das war für ihn keine Frage. Ich selbst habe ihn nie in seinem Konstruktionsbüro erlebt, aber eines war klar: Er pflegte eine enge Verbindung zu seinen Mitarbeitern, und diese Beziehung war ein wesentlicher Teil seines Lebens. Diese Menschen, die für seinen Erfolg eine große Rolle gespielt haben, wurden als Teil der Familie angesehen. Wir Kinder lernten sie alle kennen, weil sie oft sonntags zu uns zum Mittagessen kamen. Damals hielt ich das für selbstverständlich. Erst später wurde mir klar, wie ungewöhnlich diese enge Integration in das Familienleben war. Da waren beispielsweise der Oberingenieur Karl Rabe, Karosserie-Konstrukteur Erwin Komenda, der Finanzexperte Johann „Hans" Kern oder Franz Xaver Reimspieß, der unter anderem das VW-Logo entworfen hat. Mein Großvater hatte ein außergewöhnliches Gespür dafür, die richtigen Menschen an die richtigen Positionen zu setzen. Das zog sich durch seine gesamte Karriere und war ein entscheidender Faktor für seinen Erfolg.

**Seine Mitarbeiter blieben ihm sogar treu und arbeiteten auch in schwierigen Zeiten mit ihm weiter, in denen es finanziell knapp war. War es allein sein technisches Talent, oder hatte er darüber hinaus eine besondere Fähigkeit, Menschen zu motivieren?**

HMP: Ich denke, es war eine Kombination aus beidem. Einerseits hatten seine engen Mitarbeiter großen Respekt vor seinem Talent. Sein technisches Verständnis und sein Gespür für das Zusammenspiel von Ideen und Entwicklungen waren außergewöhnlich. Seine Visionen waren oft seiner Zeit voraus. Nehmen Sie das Design des „Käfers" zum Beispiel: Das ist bis heute einzigartig, vergleichbar vielleicht nur mit der Langlebigkeit des Porsche 911. Mein Großvater war zwar selbst kein Designer im klassischen Sinn, aber er hatte die Fähigkeit, das große Ganze zu erkennen. Er konnte sehen, wie Elemente, die von verschiedenen Menschen stammten, zusammengefügt werden mussten, um ein perfektes Produkt zu schaffen.

**Eigentlich der ideale moderne Führungsstil?**

HMP: Möglicherweise. Gleichzeitig hatte er diese klare Art, und er zögerte nicht, jemanden sehr direkt darauf hinzuweisen, wenn er etwas für unsinnig hielt. Das war sicher nicht immer feinfühlig, aber es war ehrlich und zielgerichtet. Ich denke, diese Kombination aus Talent, Entschlossenheit und der Fähigkeit, die richtigen Menschen um sich zu scharen, machte ihn so einzigartig.

*Rennen waren seine Leidenschaft, die Stoppuhr in der Hand war sein Markenzeichen. Porsche am Rande einer Veranstaltung mit dem Auto Union-Rennwagen.*

**Wie war er im Alltag? Hat er morgens am Frühstückstisch gesessen, Zeitung gelesen oder hatte er bestimmte Vorlieben?**

HMP: Er war kein Mensch, der sich einfach hinsetzte und las, weder Zeitungen noch Bücher. Wenn er tagsüber frei hatte, suchte er sich stattdessen andere Beschäftigungen. Er pflegte zum Beispiel seine Leidenschaft für das Kino. Wenn er irgendwo an einem Kino vorbeikam und gerade Zeit hatte, entschied er spontan, ob er sich den Film anschauen wollte. Oft nahm er jemanden aus der Familie oder aus seinem Umfeld mit, aber mich persönlich hat er selten mitgenommen – ich war wohl noch zu klein dafür. Auch in Zell am See ging er regelmäßig ins Kino. Das war eine seiner liebsten Freizeitbeschäftigungen.

**Das klingt nach jemandem, der sein Leben auch genießen konnte. Man würde vielleicht denken, dass er als Konstrukteur eher rastlos war.**

HMP: Er hat sein Leben definitiv genossen. Neben seiner Arbeit unternahm er auch gern Reisen, und er liebte es, Auto zu fahren. In seinen jüngeren Jahren ist er bekanntlich selbst Rennen gefahren, und diese Leidenschaft für Geschwindigkeit und Technik blieb ihm immer erhalten. Er konnte sich außerhalb der Arbeit auch entspannen und den Moment genießen. Für ihn war das der perfekte Ausgleich.

**Er hatte noch ein anderes Hobby – das Segeln ...**

HMP: Er war ein begeisterter Segler und teilte seine Leidenschaft mit uns. Am Wörthersee hatte er ein wunderschönes Segelboot, die „Sia 4", einen 45-Quadratmeter-Seekreuzer. Mit diesem Boot sind wir oft gemeinsam gesegelt. Er war auf dem Wasser in seinem Element, und man spürte, wie viel Freude ihm das bereitete. Leider existiert das Boot nicht mehr, es wurde in einer Werft durch einen Brand zerstört. Aber die Erinnerungen daran sind geblieben.

**Gab es noch andere Leidenschaften?**

HMP: Eine frühe große Leidenschaft in seinem Leben war das Turnen. Besonders das Geräteturnen – Ringe, Pferd und solche Dinge. Meine Mutter erzählte oft, dass er regelmäßig seine Übungen machte. Obwohl er später nicht wie ein Turner wirkte – eher gedrungen und kompakt –, war er in seiner Jugend wohl in sehr guter körperlicher Verfassung. Besonders in der Zeit, als er Rennen fuhr, muss er körperlich sehr fit gewesen sein. Er hatte eine bemerkenswerte körperliche Energie, die er wohl in all seinen Aktivitäten zum Ausdruck brachte.

***Gab es noch andere Leidenschaften?***

„Die erste große Leidenschaft in seinem Leben war das Turnen. Besonders das Geräteturnen – Ringe, Pferd und solche Dinge.“

**Dieser Drang, sich zu messen, setzte sich wohl auch im Rennsport fort?**

HMP: Der Rennsport war für ihn prägend, weil die Ergebnisse dort unmittelbar sichtbar wurden. Wenn jemand schneller war, stellte sich für ihn immer die Frage: Was macht derjenige besser? Diese Denkweise trieb ihn an. Ein gutes Beispiel ist der Austro-Daimler „Sascha", ein völlig eigenständiges Produkt, das er in den frühen 1920er-Jahren speziell für Rennen konstruierte. Er konnte zeigen, dass Leichtbau und Effizienz erfolgreicher sein können als schiere Größe und Masse. Und dieser Erfolg bestärkte ihn in seinem Ansatz, immer etwas Neues zu schaffen und sich dabei mit den Besten zu messen.

*Die Leidenschaft für den Rennsport teilt Hans Michel Piëch mit dem Großvater und weiteren Familienmitgliedern. Das scheint im Blut zu liegen. Jedenfalls ist ihm die Begeisterung für dieses Thema anzumerken. Bei der Formel 1, erklärt er, würden auch heute alle Ziele „mit Emotion, Fleiß und extremem Einsatz verfolgt", um erfolgreich zu sein. Einen konkurrenzfähigen Rennwagen zu entwickeln, erfordere totales Engagement, fügt er hinzu. Da seien „Kraft und Kreativität" in extremer Weise gefordert, und diese Charaktereigenschaften schreibt er nicht nur seinem Großvater, sondern auch weiteren Mitgliedern der Familie zu.*

**Die Familie Porsche bestand offensichtlich aus starken Persönlichkeiten. Ihre Mutter gehörte sicherlich auch dazu?**

HMP: Die Dynamik in unserer Familie war wie ein spannendes gruppendynamisches Modell. Es gab oft unterschiedliche Meinungen. Aber ich habe das Gefühl, meine Mutter wusste sehr geschickt damit umzugehen. Sie hatte eine enge Beziehung zu meinem Großvater und war in solchen Situationen häufig auf seiner Seite – selbst wenn es Meinungsverschiedenheiten mit meinem Vater gab. Das hat ihr geholfen, ihren Standpunkt durchzusetzen. Damit hat sie oft das erreicht, was sie wollte – auch gegen meinen Vater.

**Das Interesse Ihrer Mutter galt der Kunst. Hat Ihr Großvater das akzeptiert?**

HMP: Ja, absolut. Als meine Mutter in ihrer Jugendzeit in Wien Zeichnen lernen wollte, hat mein Großvater sie in allem unterstützt. Das war nie ein Thema. Er hat ihr Freiheiten gelassen, und ich denke, das hat sie in ihrer Persönlichkeit gestärkt.

**Ihr Onkel Ferry hingegen wurde von Ihrem Großvater früh in die Welt der Technik eingeführt. Glauben Sie, Ihr Großvater wollte gezielt, dass sein Sohn in seine Fußstapfen tritt?**

HMP: Davon bin ich überzeugt. Mein Großvater hat ihn bewusst mitgenommen und mit der Technik konfrontiert. Ein Beispiel dafür ist das kleine Auto, das er ihm bei Austro-Daimler gebaut hat – quasi ein Miniaturfahrzeug, das sicherlich dazu diente, früh die Begeisterung zu wecken. Es war wohl seine Art, die Leidenschaft für Technik und Autos zu übertragen und Ferry auf die Zukunft vorzubereiten.

**Hat Ihr Großvater einen Unterschied gemacht zwischen seiner Tochter und seinem Sohn?**

HMP: Ich glaube schon. Mein Eindruck ist, dass meine Mutter eine stärkere Nähe zu ihm hatte als mein Onkel. Warum das so war, kann ich nicht genau sagen. Aber es ist vielleicht nicht ungewöhnlich, dass Väter und Töchter oft besser harmonieren als Väter und Söhne. Das bedeutet aber keineswegs, dass mein Großvater meinen Onkel nicht respektiert hätte. Im Gegenteil: Er hat seine Leistungen sehr anerkannt, besonders als er nach dem Krieg die Sportwagenfirma gründete. Mein Großvater hatte großen Respekt vor der Arbeit und dem Erfolg seines Sohnes, auch wenn sie charakterlich und beruflich oft unterschiedliche Ansätze verfolgten.

**Welche Rolle spielte Ihr Vater Anton Piëch in dieser Konstellation?**

HMP: Mir sind vor allem die Auseinandersetzungen zwischen meinem Vater und meinem Großvater in Erinnerung. Beide waren starke Persönlichkeiten, echte „Alphatiere". Es kam häufig zu Diskussionen, bei denen beide sehr unterschiedliche Meinungen vertraten. Reibereien waren daher unausweichlich, auch vor anderen. Besonders irritierend war für mich, wenn es so hitzig wurde, dass sie plötzlich vom vertrauten „Du" ins formelle „Sie" wechselten. Das hat mich damals sehr verwirrt – ich fragte mich: Was ist hier los, warum sprechen sie plötzlich anders miteinander?

**Dennoch kann ich mir vorstellen, dass Ihr Großvater Ihren Vater auch als Ratgeber geschätzt hat?**

HMP: Sie sind im Laufe der Zeit sicherlich enger zusammengewachsen. Mein Vater hatte als Rechtsanwalt eine wichtige Schutzfunktion, insbesondere, wenn es um juristische oder organisatorische Dinge ging. Deshalb entzweiten sie sich nie dauerhaft, sondern konnten immer wieder gut zusammenarbeiten. Mein Vater kannte sich in Bereichen aus, in denen mein Großvater keinerlei Erfahrung hatte, und die ihn in aller Regel auch nicht interessierten. Auch ums Geld kümmerte er sich nach Auffassung meines Vaters nie genügend. Man könnte von einer natürlichen Ergänzung sprechen: Mein Vater hat einige wichtige Prozesse für meinen Großvater erfolgreich geführt, was ihre Verbindung stärkte. Beide haben auf ihre Weise zum Erfolg und zur Stabilität der Familie beigetragen.

**Wenn Sie heute an ihren Großvater denken, was kommt ihnen vor allem in den Sinn?**

HMP: Es war ihm sehr wichtig, dass die Familie sein Lebenswerk weiterführt. Das ist für mich die zentrale Erkenntnis aus Briefen zwischen ihm und meinem Vater, die ich erst vor einigen Jahren entdeckt habe. Wenige Monate vor seinem Tod im Januar 1951 ging es in diesen Schriftstücken darum, welche Rollen die einzelnen Familienmitglieder – mein Vater, meine Mutter und mein Onkel – in der Zukunft spielen sollten. Es wird deutlich, dass er meiner Mutter eine wichtige Rolle zuschrieb und von meinem Vater erwartete, dass er sie in allem unterstützen würde. Diese Gedanken hat er sehr klar formuliert, und das zeigt, wie sehr er meiner Mutter vertraute. Diese Schriften meines Großvaters sind für mich eine Art Vermächtnis.

**Wusste er damals schon, dass er nicht mehr lange zu leben hatte?**

HMP: Das glaube ich schon. Er war sich offensichtlich im Klaren darüber, dass seine Zeit begrenzt war und er die Weichen für die Zukunft stellen musste. Deshalb wollte er sicherstellen, dass der Geschäftsanteil meines Vaters an meine Mutter zurückgeht. Vieles, was danach kam, war jedoch ein Glücksfall – besonders die Verabredung zwischen meiner Mutter, die in Österreich das Unternehmen leitete, und meinem Onkel Ferry, der sich um die Geschäfte in Deutschland kümmerte. Diese operative Teilung hat funktioniert. Keiner mischte sich in die jeweiligen Angelegenheiten des anderen ein. Sie akzeptierten einander sehr, obwohl ihre Beziehung nicht wirklich eng war.

**Was bedeutet dieses Vermächtnis für Sie heute? Ist das ein Auftrag, eine Mission – oder vielleicht auch eine Bürde?**

HMP: Es ist eine Mischung aus allem, denke ich. Die Schwierigkeit bei solchen Dingen ist, dass Nachfolge in Familienunternehmen nicht immer einfach ist. Es gibt oft Spannungen, und nicht selten geht dabei viel verloren. Wir hatten das Glück, dass es bei uns so nicht war – das lag daran, dass wir uns in der Familie wirklich Gedanken gemacht haben. Mein Großvater, meine Mutter und mein Onkel haben das Unternehmen mit großem Engagement aufgebaut. Sie haben gezeigt, dass es möglich ist, erfolgreich zu sein. Für mich persönlich war das ein Vorbild. Es hat mich motiviert, diese Tradition fortzusetzen, auch als sich die Familie in den 1970er-Jahren operativ zurückzog und entschied, Manager einzusetzen und sich auf die Rolle als Kontrolleure zu konzentrieren. Rückblickend war das eine kluge Entscheidung.

**Erinnern Sie sich noch, wie Ihr Großvater gestorben ist?**

HMP: Ja, das war absehbar. Nach Weihnachten 1950 war klar, dass es zu Ende geht. Das Ganze spielte sich in Stuttgart ab. Es kamen noch Ärzte, die ihn betreuten, aber nach dem Schlaganfall war nichts mehr zu retten.

**Das muss ein einschneidendes Erlebnis für die Familie gewesen sein. Ihr Vater lebte zu dieser Zeit ja noch?**

HMP: Ja, mein Vater lebte noch. Nach dem Tod meines Großvaters wurde in Gmünd eine Skulptur zu seinen Ehren aufgestellt. Das war ein halbes Jahr später, und sogar der Volkswagen-Chef Heinrich Nordhoff kam zur Einweihung. Es war eine große Veranstaltung, an die ich mich gut erinnere. Für uns Kinder war es ein prägendes Erlebnis, besonders, weil es das erste Begräbnis war, das wir miterlebt haben.

**Wenn wir an heute denken – ist Ferdinand Porsche für Sie ein persönliches Vorbild, und wenn ja, in welchen Bereichen hat er Sie inspiriert?**

HMP: Ich würde sagen, dass er in vielerlei Hinsicht ein Vorbild war. Besonders beeindruckt hat mich, wie er sein Geschäft geleitet und Menschen geführt hat. Er verstand es, ein Team aufzubauen und eine Kultur zu schaffen, die Kreativität fördert. Das ist heute genauso wichtig, vielleicht sogar noch wichtiger. In unserer digitalen Welt brauchen wir mehr denn je kreative Ansätze und ein komplettes Umdenken.

**In welchem Sinne?**

HMP: Eine starke Unternehmenskultur, die den Mitarbeitern Freiräume gibt, ist essenziell. Mein Großvater hat eine Art familiären Schutzraum geschaffen, in dem sich seine Mitarbeiter sicher und wertgeschätzt fühlten. Übrigens gibt es da große Parallelen zu meiner Mutter, auch wenn sie anfangs keine Geschäftsfrau im klassischen Sinn war. Diese Mischung aus Empathie, Weitsicht und klarem Bauchgefühl war essenziell, um nach dem Krieg ein stabiles Fundament für das Unternehmen zu schaffen. Sowohl mein Großvater als auch meine Mutter hatten diese Fähigkeit – und sie war ein wesentlicher Grund, warum das Unternehmen mehrfach schwierige Zeiten überstehen konnte. Diese Integration in eine Art Familie ist ein Konzept, das in unserer Zeit genauso relevant ist. Das ist eine der wichtigsten Lektionen, die ich von meinen Vorfahren übernommen habe.

**Fühlen Sie sich heute in irgendeiner Form verantwortlich für dieses Vermächtnis? Ihre Rolle und Ihre Tätigkeit im Konzern legen das ja nahe.**

HMP: Ja, aber die Verantwortung ist heute eine andere. Das Unternehmen ist ein so großes Gebilde geworden, dass man nur noch indirekt wirken kann. Es ist nicht mehr so wie früher, als wir als einzelne Familienmitglieder näher dran waren, direkt Einfluss nehmen und Entscheidungen treffen konnten. Heute geht es meines Erachtens mehr darum, das Ganze zu begleiten, zu beaufsichtigen und gelegentlich in eine gewisse Richtung zu lenken. Das, was über die Jahrzehnte entstanden ist, hätte ich mir nie träumen lassen – es ist gewaltig.

**Gibt es eine Frage, die Sie Ihrem Großvater stellen würden, wenn Sie die Gelegenheit dazu hätten?**

HMP: (nach langem Nachdenken) Ich würde ihn fragen, ob er wirklich geglaubt hat, dass der „Käfer" einmal so erfolgreich werden würde. Es muss in seinen letzten Lebensjahren ein unglaubliches Erfolgserlebnis für ihn gewesen sein, besonders angesichts der Umstände. Ich glaube, er wäre stolz auf das, was seine Nachkommen daraus gemacht haben. Aber ich bin mir nicht sicher, ob er so produktionsorientiert gedacht hat. Er war mehr kreativer Entwickler als Manager. Für ihn ging es immer darum, neue Dinge auszuprobieren, nicht darum, das größte Automobilwerk der Welt zu schaffen. Aber der Erfolg des „Käfers" und der Sportwagen waren für ihn eine große Erfüllung. Der Beweis, dass seine Vision aufgegangen war.

*Eine Vision, die nichts von ihrer Aktualität eingebüßt hat und heute mehr gefragt ist denn je. Eine Inspiration, die weiterlebt, auch innerhalb der Familie Porsche-Piëch. Zum Abschied betont Hans Michel Piëch noch einmal, dass nicht nur der Großvater, sondern auch seine Mutter und sein Onkel Ferry für ihn Vorbilder sind. „Ich habe mir immer gesagt", erklärt er, „wenn die ihre Arbeit gut gemacht haben, können wir Nachfahren das auch schaffen."*

# Ferdinand Porsche – Der Mensch und sein Wirken

von Karl Ludvigsen

**Einhundertfünfzig Jahre nach der Geburt von Ferdinand Porsche können wir den Versuch wagen, die Motive dieses außergewöhnlichen Mannes im Rückblick zu verstehen. Er hat in seinem Leben eindeutige Spuren hinterlassen, die uns Einblicke in die Persönlichkeit hinter seinem Werk gewähren. Sie waren und sind noch heute beeindruckend.**

Das neue Jahrhundert hatte gerade erst begonnen. Die Weltausstellung in Paris gab eine Vorahnung auf das anbrechende Zeitalter, das einen nie geahnten Aufschwung der Technik und den Siegeszug der Massenmobilität bringen sollte. Eine Sensation bahnte sich an, als am 14. April 1900 im „Elektrizitätspalast" ein völlig neuartiges Automobil Premiere feierte: ein Elektrofahrzeug, basierend auf dem „System Lohner-Porsche".

„Unter den zwei oder drei echten Neuheiten auf der Pariser Expo im Automobilbereich", schrieb die *Berliner Zeitung*, „zählt der einzige österreichische Wagen auf der Ausstellung, ein Elektromobil ‚System Lohner-Porsche', zu den bemerkenswertesten. Die epochemachende Neuheit des Wagens besteht in der gänzlichen Beseitigung aller Zwischengetriebe wie Riemen, Ketten, Differenziale etc. kurzum – in der Entwicklung des allerersten getriebelosen Wagens der Geschichte."

*Das Lohner-Porsche Elektromobil auf dem Ausstellungsstand der Firma Jacob Lohner & Co. auf der Pariser Weltausstellung im Jahr 1900.*

Die Jakob Lohner & Co. gewann eine Goldmedaille für das Elektromobil „System Lohner-Porsche" – eine wegweisende Anerkennung für Ferdinand Porsches virtuose Schöpfung. Der Selfmade-Ingenieur, damals gerade mal 24 Jahre alt, trat damit erstmals als mitwirkender Automobilkonstrukteur ins Rampenlicht. Für die Firma Jacob Lohner & Co. aus Wien entwickelte er binnen zehn Wochen ein Elektromobil mit zwei

Radnabenmotoren. Jede der beiden elektrischen Maschinen leistete 2,5 PS, die Höchstgeschwindigkeit des Lohner-Porsche betrug 32 km/h. Die Besonderheit: Die E-Motoren waren in die Vorderräder integriert – damals einzigartig in Europa. Eine weitere Besonderheit: Alle vier Räder ließen sich gleichzeitig abbremsen. Schon da wurde deutlich: Technisches Talent, konstruktive Kreativität und der Drang zur Optimierung vorhandener Lösungen verbanden sich bei Ferdinand Porsche auf harmonische Weise.

Der Lohner Porsche war sehr ähnlich wie eine Kutsche von Lohner aufgebaut, mit den typisch großen Hinterrädern und Holzspeichen. Der junge Ingenieur nutzte diese Konstruktionsweise für seine bahnbrechende Innovation. Der Radnabenmotor in den Vorderrädern wurde als erstes Patent auf den Namen Porsche & Lohner angemeldet. In der Patentschrift stellte Porsche fest, dass es sich „durch eine im Vergleich zu anderen bekannten Anordnungen dieser Art große Einfachheit der Konstruktion auszeichnet".

**„Ein Mann, der eine große Karriere vor sich hat."**

Als man Ludwig Lohner in Paris über diesen – bis dahin völlig unbekannten – Porsche ausquetschte, musste er zugeben: „Er ist noch sehr jung. Aber das ist ein Mann, der eine große Karriere vor sich hat. Sie werden noch viel von ihm hören."

Elektrizität war schon immer die Leidenschaft des jungen Ferdinand Porsche. Von klein auf beschäftigte er sich mit Maschinen und der Konstruktion von Dingen. Hinter dem Elternhaus mit der Nummer 38 am rechten Neiße-Ufer im böhmischen Maffersdorf befand sich die Spenglerei von Vater Anton. Mit seinen zwei Dutzend Beschäftigten war der Betrieb ein wichtiger Zulieferer von Klempner-, Schreinerei- und Metallbetrieben in und um Reichenberg, der nahe gelegenen Großstadt.

Ferdinand Porsche kam am 3. September 1875 als zweiter Sohn von Anton und Anna Porsche zur Welt. Anton und Anna, geborene Ehrlich, die 1871 geheiratet hatten, waren zum Zeitpunkt von Ferdinands Geburt 30 und 25 Jahre alt. Schon im Kindesalter machte er einen entschlossenen Eindruck, wie sich ein Klassenkamerad erinnert: „Ferdinand war ein Denker und Tüftler. Ansonsten war er schweigsam. Er war pünktlich und ordentlich. In der Chorprobe lebte er auf und stimmte munter mit ein. Einen gewissen Ehrgeiz legte er bei seinen Leibesübungen an den Tag."

Elektrizität faszinierte ihn früh. Der begeisterte Schlittschuhläufer stattete seine Schlittschuhe mit batteriebetriebenen Elektrolampen aus. Er entwickelte sogar eine elektrische Beleuchtungsanlage, die er zunächst im Elternhaus, später auch in der väterlichen Spenglerei installierte. Obwohl es Antons Wunsch gewesen wäre, dass sein Sohn den Familienbetrieb eines Tages übernimmt, konnte Mutter Anna ihren

Mann überreden, den Sohn seine Leidenschaft für die Elektrizität leben zu lassen. So ging Ferdinand 1893 nach Wien und begann dort eine Lehre bei der Vereinigten Elektrizitäts-AG (VEAG) von Béla Egger, einem großen Hersteller elektrischer Anlagen.

Mit seinen 300 Beschäftigten produzierte das Unternehmen Starkstromanlagen, elektrische Beleuchtungs- und Kraftübertragungsanlagen, elektrische Bahn- sowie elektrolytische Anlagen. Der schmächtige, unscheinbare Ferdinand Porsche meisterte mühelos die ihm gestellten Aufgaben und beeindruckte seine Vorgesetzten bei Egger, wie die Firma damals noch hieß, mit seiner schnellen Auffassungsgabe, seiner Entschlusskraft und seiner Fähigkeit, Probleme zu lösen. 1898 kam es zur Begegnung zwischen Porsche und Lohner, als die VEAG den Pferdewagenfabrikanten Ludwig Lohner bei dessen Versuchen zum Bau von Elektrofahrzeugen unterstützte. Bereits 1900 schrieben die beiden Geschichte.

Schon in diesen Anfangsjahren seiner Karriere kam eine Charaktereigenschaft zum Tragen, die Ferdinand Porsche noch gute Dienste erweisen sollte. Er war äußerst selbstbewusst und strahlte dies auch aus. Dieses Selbstbewusstsein stellte er unter Beweis, als er sich in seinem Berufswunsch gegen den dominanten Vater durchsetzte. Es zeigte sich, als er mit 18 Jahren nach Wien zu Béla Egger ging, und erneut umso deutlicher, als er sich bei Lohner der Herausforderung stellte, eine vollkommen neue Technologie nach seinen ganz eigenen Vorstellungen zu entwickeln.

Dieses Selbstvertrauen – gestützt von Porsches unübertroffenem Wissen auf seinem Gebiet und seinen vielfältigen anderen Interessen – war bestechend. Es diente ihm im mühelosen Umgang mit Adligen, Politikern, Angehörigen des Militärs und Kollegen. In dieser Hinsicht machte ihm niemand etwas vor. Sein Selbstbewusstsein zog auch fähige Kollegen an, die bereit waren, ihm selbst auf so unwegsamen Pfaden bei dem Abenteuer seiner Radnabenmotoren zu folgen.

Das Konzept, die Motoren in die Naben der Räder zu integrieren, war zwar nicht neu, aber noch nie in dieser Perfektion ausgeführt worden, mit der Ferdinand Porsche und sein Förderer Ludwig Lohner es umsetzten und so erfolgreich auf der Pariser Weltausstellung 1900 präsentierten.

Über welches schöpferische Potenzial Porsche verfügte, zeigten drei weitere Elektromobile, die er im selben Jahr für Lohner konstruierte. Eines davon war ein Rennwagen mit Elektroantrieb, mit dem er beim prestigeträchtigen Semmering-Rennen in Österreich einen neuen Rekord aufstellte. Ein weiteres Fahrzeug – eine Auftragsarbeit für einen britischen Unternehmer – hatte Elektromotoren in allen vier Rädern integriert und war somit eines der weltweit ersten Fahrzeuge mit Allradantrieb.

Im letzten Jahr des 19. Jahrhunderts bauten Porsche und Lohner einen dritten Fahrzeugtyp, dem im 21. Jahrhundert große Bedeutung zukommen sollte. Es war ein Elektromobil mit in den Vorderrädern integ-

*Ferdinand Porsche im Jahr 1903 am Steuer eines Lohner-Porsche-Mixte-Tourenwagens mit „amerikanischem" Extensionsdach.*

rierten Radnabenmotoren und zwei 3,5-PS-Einzylindermotoren hinter den beiden Sitzen. Jeder dieser beiden Benzinmotoren trieb einen Generator an. Beide Motoren waren unabhängig voneinander mit den Batterien und den Radnabenmotoren dieses Versuchsfahrzeugs verbunden.

Während der Fahrt wurde der von den Generatoren erzeugte Strom direkt zu den Radnabenmotoren in den Vorderrädern geleitet oder – wenn kein Strom benötigt wurde – zum Nachladen der Batterien genutzt. Die Batterien wurden bei Bedarf in den Stromkreis geschaltet, um die Leistung der Generatoren zu erhöhen – beispielsweise bei Nachrüstungen. Der Semper Vivus (lat. für „immer lebendig") war lediglich der Prototyp des Fahrzeugs, das Porsche eigentlich vorschwebte. Dennoch gehörte Porsche zu den ersten Schöpfern von Hybridantrieben weltweit.

Bis 1901 hatte Porsche diese Idee weiterentwickelt und ein Antriebssystem für Automobile mit Verbrennungsmotor entwickelt, deren Radnabenmotoren mithilfe eines Generators elektrisch angetrieben wurden. Schnell stellte sich heraus, dass dieser „Mixte"-Antrieb für kleine und große Pkw und Lkw angepasst werden konnte. Im Ersten Weltkrieg nutzte Porsche den Antrieb auch für Lastzüge und Traktoren, die gewaltige Mörser und Haubitzen über Bergstraßen transportierten, die für solch massives Gerät als unpassierbar galten.

### Seiner Zeit voraus

1906 beschloss der österreichische Automobilunternehmer Emil Jellinek, sich für das von ihm als „veraltet" bezeichnete österreichische Unternehmen Daimler zu interessieren. Seine Beschreibung war treffend. Die Maschinenwerkstätten der Gebrüder Fischer in Wiener Neustadt waren von Daimler in Stuttgart noch nicht in ein Automobilunternehmen mit auch nur mäßigen Serienproduktionskapazitäten umgewandelt worden. Sie waren reif für die Aufmerksamkeit des kauflustigen Tycoons.

Emil Jellinek wurde 1853 in Leipzig geboren. Als er drei Jahre alt war, zog seine Familie nach Wien. Nachdem er knapp fünfzig Jahre später für Daimler die Marke „Mercedes", benannt nach einer seiner Töchter, geschaffen und damit den Zugang zu nichtdeutschen Märkten verbessert hatte, konnte Jellineks Privatkasse 1905 durch die Übernahme von 60 Prozent seiner Anteile an der von ihm geschaffenen Marke Mercedes durch Daimler aufgestockt werden. Diese wurde nun von einem Pariser Unternehmen kontrolliert, an dem er einen Anteil von 40 Prozent hielt. Für dieses Zugeständnis an Daimler erhielt er eine Million Francs, etwa 195.000 Dollar – damals ein Vermögen.

Emil Jellinek ließ seiner Kreativität freien Lauf und traf umfassende Vereinbarungen, um seine Geschäftsinteressen neu auszurichten. Auf freiem Gelände neben den bestehenden Gebäuden wurden zwei neue

Produktionshallen errichtet, eine davon für die Fahrzeugmontage. Sie waren hoch, hatten reichlich Oberlicht und bestanden aus modernem Stahlbeton. Hunderte neuer Maschinen wurden angeschafft, viele aus Amerika, darunter die neuesten Drehbänke und Zahnradfräsen.

Der gewiefte Jellinek hatte sich auch schon für einen Mann entschieden, der die Leitung seiner neuen, erweiterten Fabrik und ihrer Produkte übernehmen sollte. Er entschied, dass dies eine Aufgabe für Ferdinand Porsche sein würde. Der Gewinner des Pötting-Preises, der brillante und selbstbewusste junge Ingenieur, der sich mit seinen Entwürfen für Lohner eine unverwechselbare Nische geschaffen hatte, war sein Kandidat für den Job.

**Porsche, der brillante und selbstbewusste junge Ingenieur, der sich mit seinen Entwürfen für Lohner eine unverwechselbare Nische geschaffen hatte, war Jellineks Kandidat für den Job.**

Emil Jellinek machte Ferdinand Porsche ein Angebot, das dieser nicht ablehnen konnte. Porsche war inzwischen verheiratet mit Aloisia Kaes und Vater einer Tochter: Louise, geboren 1904 (Sohn Ferdinand, genannt „Ferry", kam 1909 zur Welt). Jellinek wollte damit auch Ludwig Lohner, jenem Unternehmer, der Porsche früh eine Chance gegeben hatte, einen ehrenvollen Ausstieg ermöglichen. Lohner hatte seit 1905 im Rahmen seiner Strategie zur Umstrukturierung seines Familienunternehmens nach einer Möglichkeit gesucht, die Investition, die er in ein Fahrzeugbauprojekt getätigt hatte, wieder hereinzuholen. Es war nie wirklich profitabel.

Mit reichlich Geld ausgestattet übernahm Emil Jellinek die volle Verantwortung für Lohners Elektrofahrzeugprogramm. Dies war die Aktivität, die Jellinek für Porsche im Sinn hatte, als er im Winter 1905/1906 seine Verhandlungen mit Lohner und dem Ingenieur aufnahm. Auf der Lohner-Jellinek-Achse verliefen die Gespräche gut, wobei Ludwig Lohners Hauptanliegen darin bestand, sich vor möglichen späteren Schäden zu schützen, die durch Patente in seinem Namen entstehen könnten. Er war der Meinung, dass ein solches Risiko schriftlich von Porsche übernommen werden sollte, der verständlicherweise zögerte. Obwohl Lohner zu einem Zeitpunkt „zutiefst verärgert über Porsches jüngste Haltung" war, übergab er schließlich seine Anteile an Jellinek.

Am 25. Februar 1906 unterbreitete Emil Jellinek Porsche sein Anstellungsangebot, basierend auf Vorschlägen, die Porsche gemacht hatte. Er gründe eine neue Firma, erklärte er gegenüber Porsche, die Lohners Firma 200.000 französische Francs in bar und 500.000 Francs in voll eingezahlten Aktien für alle Patente, Rechte und das Know-how für die Lohner-Porsche-Fahrzeuge zahlen werde.

Nach der Gründung des neuen Elektrofahrzeugunternehmens, so teilte Emil Jellinek Porsche mit, werde er als Technischer Direktor eingestellt. Auch aus Lohners Sicht war das Beste: Die ersten Elektrofahrzeuge würden weiterhin in Lohners Werk in Floridsdorf hergestellt, wo seine bestehenden Anlagen und Werkzeuge gut genutzt würden. Ihr erklärtes Ziel war es, 1.200 Elektro- und „Mixte"-Fahrzeuge pro Jahr herzustellen, um die weltweite Marktnachfrage zu decken. Die Familie Porsche zog nach Wiener Neustadt und wohnte bei Firmendirektor Eduard Fischer in Lichtenwörth, bis ihre eigene Villa in der Pottendorferstraße 26, die am Werk vorbeiführte, fertiggestellt war.

Emil Jellinek war mit der Frontantriebsarchitektur von Porsche unzufrieden, die seiner Ansicht nach die Vorderräder manchmal zu groß erscheinen ließ und die Proportionen des Fahrzeugs aus dem Gleichgewicht brachte. Das Aussehen eines Autos, sagte er dem Ingenieur, sei von großer Bedeutung. Porsche war bereit, auf Hinterradantrieb umzusteigen, erklärte seinem neuen Gönner jedoch: „Da Sie Hinterradantrieb wünschen, muss dieses Fahrzeug von Grund auf neu konstruiert werden und es kann nichts Stückwerk sein. Dies wird tatsächlich eine völlig neue Konstruktion."

Ferdinand Porsche war vom Potenzial des benzinelektrischen „Mixte" fasziniert, dem Vorläufer der heutigen Hybridfahrzeuge. Am 7. Mai 1906 teilte er Emil Jellinek mit: „Ich habe bereits eine recht kurze Probefahrt mit dem 40 PS starken ‚Mixte' gemacht und es scheint mir, dass dieses Fahrzeug sehr gut gelungen ist. Bei einer Geschwindigkeit von 30 km/h glaubt man, ein reines Elektrofahrzeug zu fahren, da man nicht das geringste Geräusch hört." Die Flexibilität des Getriebes des „Mixte" war eine seiner großen Attraktionen. Der Benzinmotor habe seit seiner frühen „brutalen Form der Kraftübertragung" einen langen Weg zurückgelegt, sagte die Wiener *Allgemeine Automobil-Zeitung*. „Alles oder nichts – das war das Arbeitsprinzip." Die einfache Handhabung des „Mixte", so das Urteil, sei ein dramatischer Kontrast: „Flexibler geht es nicht."

Porsches Elektroradkonzept hatte jedoch seine Grenzen. Jellineks Idee, die Räder nach hinten zu verlagern, brachte zwar mehr Einfachheit, allerdings auf Kosten des attraktiven Frontantriebs und sogar der Vierradbremsen. Der britische Entwickler John Bull witzelte: „Das Mercedes-System, ein direkter Einsatz von in die Laufräder eingebauten Elektromotoren, erscheint uns aufgrund der sehr niedrigen Geschwindigkeit, der begrenzten Größe der Motoren und des zwangsläufig niedrigen Wirkungsgrads völlig falsch."

Es war weniger diese Kritik als vielmehr eine schwere Rezession im Jahr 1908, mit denen die Hoffnungen von Jellinek und Porsche auf einen Boom beim Verkauf von Elektrofahrzeugen begraben wurden. Träume von einer monatlichen Produktion von 100 Fahrzeugen wurden schnell zunichte gemacht, als die rasche Verbesserung konventioneller Autos den Markt für Elektrofahrzeuge untergrub. „Ich richtete die Fabrik in Wiener Neustadt ein, um Bestellungen für Elektrofahrzeuge im Wert von mehreren Millionen Kronen zu erfüllen", sagte Emil Jellinek. „Nachdem wir diese Bestellungen angenommen hatten, für die erhebliche Anzahlungen hinterlegt worden waren, führte die Überproduktion in Frankreich zu einem plötzlichen Zusammenbruch des Automobilgeschäfts. Trotz der enormen Anzahlungen konnte Wiener Neustadt nicht in Betrieb genommen werden, da die Käufer lieber auf ihre Anzahlungen verzichteten, als ihre Fahrzeuge in Empfang zu nehmen."

**Ferdinand Porsche verschaffte sich auch mit seinen Fähigkeiten am Steuer Respekt. Er war ein harter, fordernder Fahrer, der jede seiner Schöpfungen bis an ihre Grenzen bringen konnte.**

Bis 1915, als ein einziges und letztes elektrisches Landaulet im Wiener Floridsdorf hergestellt wurde, hatte die Firma Lohner insgesamt 354 Elektroautos, „Mixtes" und Omnibusse nach dem Porsche-Elektroradkonzept hergestellt. Dank der Aufträge aus Berlin waren reine Elektrofahrzeuge mit 301 Stück bei weitem in der Mehrzahl. Nur bei den Taxis der deutschen Hauptstadt wurde so etwas wie eine Serienproduktion eines Standardmodells erreicht. Ansonsten waren Lohner-Porsche-Fahrzeuge erstaunlich individuell – und teuer.

Als praxistauglicher Pkw-Antrieb trat der Radnabenmotor in den Hintergrund. Andere Konzepte wurden massentauglich. Doch Anfang der 1970er-Jahre tauchte die Technik wieder auf. Denn die drei Mondautos der NASA, die Lunar Roving Vehicles der Apollo-Missionen 15, 16 und 17, wurden von elektrischen Radnabenmotoren bewegt – auch dank Porsches Pionierarbeit.

## Bis an die Grenzen

Das erste Automobil mit Benzinmotor, welches das neue Team entwickelte, war bereits 1907 herausgekommen, unter dem Namen von Jellineks zweiter Tochter Maja. Doch kurz darauf beendete der abenteuerlustige Unternehmer Jellinek seine Laufbahn in der Automobilbranche. Er übergab Austro-Daimler an Ferdinand Porsche und den Wiener Fabrikanten Eduard Fischer, dessen Maschinenfabrik 1899 als Grundlage für die Gründung der Österreichischen Daimler-Motoren-Gesellschaft diente. Fischer sollte zu einem kongenialen Partner des acht Jahre jüngeren Porsche werden.

Ferdinand Porsche verschaffte sich auch mit seinen Fähigkeiten am Steuer Respekt. Er war ein harter, fordernder Fahrer, der jede seiner Schöpfungen bis an ihre Grenzen bringen konnte. Anlässlich seines Sieges bei der Prinz-Heinrich-Fahrt 1910 mit einem Austro-Daimler sagte der Präsident des Österreichischen Automobil-Clubs: „Ein solcher Erfolg ist einzigartig in der Geschichte des Automobilismus. Wenn einer unter 121 Konkurrenten den ersten, zweiten und dritten Platz erreicht und dazu noch zwei weitere Fahrzeuge ins Ziel bringt, ist das ein Erfolg, der keinem anderen Unternehmen bisher gelang."

Am 2. Juni 1910 startete das Rennen in Berlin und führte durch so wichtige deutsche Städte wie Braunschweig, Kassel, Nürnberg, Stuttgart, Metz und Bad Homburg in der Nähe von Frankfurt. An ihr nahmen alle führenden deutschen Hersteller teil, aber auch ausländische, die sich auf diesem wichtigen Markt profilieren wollten.

Porsche konstruierte einen völlig neuen Motor für seinen Prinz-Heinrich-Rennwagen. Da Porsche sich für einen relativ bescheidenen Hubraum entschieden hatte, musste er einen Motor bauen, der für seine Größe eine außergewöhnliche Leistung erbringen sollte.

Die von Porsche gewählte Konstruktion verwendete eine wellengetriebene, obenliegende Nockenwelle, die über Kipphebel geneigte, obenliegende Ventile in halbkugelförmigen Brennräumen öffnete. Tatsächlich hatte Ferdinand Porsche damals noch wenig Erfahrung mit Benzinmotoren. Aber er kannte die fortschrittlichen Konstruktionen, die einige seiner mitteleuropäischen Zeitgenossen verwendeten. Mit der obenliegenden Nockenwelle, so Porsche, „gewinnen wir einen Vorteil, weil die sich hin- und herbewegenden Teile so klein wie möglich gehalten werden".

Bei der Karosserie achtete der Konstrukteur sorgfältig auf die Reduzierung des Luftwiderstands. Porsches „fischförmige" Verkleidung aller dem Fahrtwind ausgesetzten Komponenten war damals einzigartig. „Ich bin sogar so weit gegangen, dass ich jede einzelne Mutter an den Kotflügeln abgedeckt habe, damit sich die Luft nicht verfangen kann", gab der Konstrukteur zu Protokoll.

Der Höchstgeschwindigkeitstest unterstrich die Bedeutung einer widerstandsarmen Karosserie. Porsche verfügte über einen Windkanal und eine Teststrecke in der Neunkirchner Allee, die südwestlich von Wiener Neustadt parallel zur Bahnlinie verlief. Auf dieser 13 Kilometer langen, schnurgeraden Strecke erreichte er im April 1910 mit seinem ersten Prinz-Heinrich-Prototyp eine Geschwindigkeit von 130 Stundenkilometern, was für einen Langstreckenwagen keineswegs ein schlechtes Tempo war.

Neben Austro-Daimler waren auch andere Marken in Berlin am Start, die sich durch einen geringeren Luftwiderstand auszeichneten. Wie Austro-Daimler wählten viele eine „Tulpenform" für die Karosserie, die oben breit war, um die vorgeschriebenen Maße für die Qualifikation zu erfüllen, aber schmal und bis zu den Rahmenschienen hinunter gewölbt, um die Frontfläche zu verringern. Aber keiner dieser Entwürfe übertraf die detaillierte Aufmerksamkeit, die Porsche der Reduzierung des Luftwiderstands widmete.

Um möglichen Ausfällen von vornherein zu begegnen, legten Porsche und Austro-Daimler-Geschäftsführer Eduard Fischer fest, zehn dieser radikalen Neuwagen zu bauen. Drei Werkswagen wurden Porsche persönlich, Fischer und dem langjährigen Porsche-Förderer Graf Heinrich Schönfeld zugeteilt. Die übrigen Prototypen wurden von Freunden und Geschäftspartnern gemeldet.

Das Ergebnis für die drei Werkswagen hätte kaum besser ausfallen können. Porsche holte sich den Sieg, Fischer wurde Zweiter und Schönfeld Dritter. Sie hatten einen beachtlichen Punktevorsprung vor dem viertplatzierten Opel und einem Benz auf Platz fünf. Die beiden Hauptkonkurrenten wurden klar besiegt. Zwei weitere Austro-Daimler erreichten immerhin das Ziel.

Von den 16 ausgelobten Preisen nahmen die österreichischen Autos die Hälfte mit nach Hause. Mit den ersten drei Plätzen konnte das „Iron Team" – wie es später genannt wurde – den Mannschaftspreis mit großem Abstand erringen. Zu allem Überfluss gewann Porsche bei der Verlosung im Rahmen des Preisverleihungsdinners am 9. Juni auch noch die prächtige Ewige Trophäe des Prinz Heinrich, ein Tourenwagenmodell aus massivem Silber, und setzte sich auch damit gegen die Konkurrenz von Benz und Opel durch.

Der technische Erfolg des neuen Wagens und das starke Publikumsinteresse überzeugten Austro-Daimler, das Modell in Serie zu produzieren. Das war eine Schlüsselentscheidung in der Geschichte von Austro-Daimler und auch in der Karriere von Ferdinand Porsche. Wären nur die zehn Wagen von 1910 gebaut worden, hätte das Modell seinen Ruhm noch immer verdient. Der „Prinz Heinrich" Austro-Daimler war zwar kein ausgesprochener Rennwagen, aber ein hervorragender Straßenwagen, der auch im Wettbewerb gut abschneiden konnte und somit als Sportwagen geeignet war.

## Zu Lande und in der Luft

Austro-Daimler baute sein Werk aus, um sein ohnehin umfangreiches Produktportfolio noch zu erweitern. Das Unternehmen war ein führender Hersteller von Flugmotoren für Luftschiffe und Flugzeuge, für die es eine steigende Nachfrage gab. Unter dem kritischen Blick von Ferdinand Porsche wurden Industriemotoren, Schienenfahrzeuge und Zugwagen entwickelt und gebaut.

Als die *Allgemeine Automobil-Zeitung* im September 1910 Wiener Neustadt besuchte, sah der Reporter auch die Gondeln und Motoren des Stagl-Mannsbarth-Luftschiffs im Bau und die ersten Elemente eines neuen Elektrofahrzeugzugs, der fertiggestellt wurde. An anderer Stelle waren natürlich konventionelle Fahrzeuge zu sehen, darunter ein Radmotor-Fahrgestell für die Wiener Feuerwehr. Kein Wunder, dass der AAZ-Reporter sich zu der Bemerkung veranlasst sah: „Man kann sehen, dass der Fortschritt in den Daimler-Werken seinen Platz eingenommen hat. Anstatt sich in der Routine festzusetzen, geht man mit der Zeit." Dies war eine Hommage an den ungewöhnlich vielseitigen und zukunftsorientierten technischen Chef des Unternehmens.

*Prinz-Heinrich-Fahrt 1910: Die später siegreichen Werkswagen bei der Einfahrt in Bad Homburg. Im vorderen Wagen sitzt Ferdinand Porsche am Steuer, im zweiten Wagen Austro-Daimler-Geschäftsführer Eduard Fischer.*

otel
nsion
ISTOL

Im Gegensatz zu einigen seiner Konkurrenten im Flugmotorenbereich, die sogenannte „Fünf-Minuten-Wunder" produzierten, legte Ferdinand Porsche großen Wert auf Haltbarkeit. Bevor er seine neuen Vierzylindermotoren in die Luft schickte, ließ er sie zehn Stunden lang mit der Last eines Propellers laufen. Der österreichisch-ungarische Flugzeugpionier Igo Etrich baute den ersten dieser Motoren in sein Möwe-Rennflugzeug ein. Die Testflüge begannen am 28. August 1910 um sechs Uhr morgens mit Karl Illner als Pilot. Illner und Etrich waren mit 28 Minuten Flugzeit zufrieden, aber Porsche war das nicht genug. Er musste seinen Motor gründlicher testen. Illner stieg noch einmal für 31 Minuten auf. Ein letzter Flug am Ende des Tages wurde durch eine Rauchfahne unterbrochen. Illner landete sicher, musste jedoch feststellen, dass ein Mechaniker vergessen hatte, den Wasservorrat seines Motors aufzufüllen.

**Kurz vor seinem 38. Geburtstag hatte Porsche die alleinige Leitung über einen der bekanntesten Hersteller von Fahrzeugen, Flugmotoren, Zugwagen für gigantische Haubitzen und anderes Kriegsmaterial inne.**

Obwohl sie noch in den Kinderschuhen steckten, waren Porsches Flugmotoren beim Flugtreffen vom 17. bis 19. September 1910 in Wiener Neustadt prominent vertreten. Am 19. September wurde das Treffen durch einen Besuch von Kaiser Franz Josef beehrt, der die Maschinen mit großem Interesse begutachtete und dann die Flieger traf. Als er Porsche unter den Würdenträgern sah, fragte er: „Sie haben jetzt viel mit der Luftfahrt zu tun?" – „Ja, Eure Majestät", antwortete der Ingenieur. „Die vier besten Piloten in Wiener Neustadt verwenden unsere Motoren, und die Bestellungen sind so zahlreich, dass wir sie nur mit Mühe erfüllen können." Das war noch milde ausgedrückt, denn die Kurbelwelle in einem der Motoren der Konkurrenten vom Sonntag war erst am Mittwoch zuvor bearbeitet worden.

Bei dem dreitägigen Treffen in Wiener Neustadt räumten Flugzeuge mit Aero-Daimler-Motoren so umfassend ab, dass die AAZ zu dem Schluss kam: „Da der Motor das Herz eines Flugzeugs ist, kann man wohl sagen: Diese Flugzeuge haben dank ihrer Daimler-Motoren gewonnen. Man kann von einem glänzenden Erfolg für Austro-Daimler beim Flugtreffen in Wiener Neustadt sprechen, ohne im Geringsten übertreiben zu müssen." Eine Bestätigung der Leistung von Ferdinand Porsches neuem Motor kam, falls es einer bedurfte, am 10. Oktober, als Karl Illner den Wettbewerb der Stadt Wien annahm und einen mit 20.000 Kronen dotierten Flugpreis von der Simmeringer Heide nach Horn, 50 Meilen nordöstlich, und zurück auslobte. Der Flug verlief reibungslos; der Hinflug dauerte 74 Minuten, der Rückflug 69 Minuten. Illner stellte in einer gelben Etrich Taube unterwegs mit 3.300 Fuß einen neuen österreichischen Höhenrekord auf.

Als Reaktion auf den offensichtlichen Bedarf an mehr Leistung für militärische Flugzeugmotoren betrat Ferdinand Porsche mit seinem nächsten Schritt die Hall of Fame der Luftfahrt. Zunächst fügte er seinem größeren Vierzylinder zwei Zylinder hinzu, um einen Sechszylinder zu erhalten. Es wurden mehrere Motoren dieses Typs gebaut, die die gleichen

Zylinderabmessungen wie die großen Vierzylinder hatten und 9,5 Liter Hubraum sowie 90 PS lieferten. Dies war eine Zwischenentwicklung auf dem Weg zu Porsches größerem Sechszylinder von 1911, der erstaunlich schnell fertig wurde. Aus seinem Hubraum von 13,9 Litern leistete der größere, 419 Pfund schwere Sechszylinder zunächst 120 PS, die bald auf 130 PS gesteigert wurden.

„Bei Ausbruch des Ersten Weltkriegs", urteilte der Luftfahrthistoriker Herschel Smith, „war der 120 PS starke Austro-Daimler der effizienteste und zuverlässigste Flugzeugmotor der Welt. Dieser wassergekühlte Reihensechszylinder, das Werk von Dr. Ferdinand Porsche, war der Prototyp aller Kriegsmotoren der Mittelmächte und vieler anderer Motoren." – „Es war ein herausragender Reihensechszylinder", fügte Ingenieur Kenneth A. Hurst hinzu. „Zwischen 1911 und 1914 war es einer der meistverkauften Motoren und setzte für die kommenden Jahre einen Maßstab im Flugzeugmotorenbau."

*Der Sechzylinder-Flugmotor von 1912 entstand unter der technischen Leitung von Ferdinand Porsche und hatte 120 PS, die bald auf 130 PS gesteigert wurden. Ihn verwendete Igo Etrich für seine „Daimler-Etrich Renntaube".*

Ein anderes österreichisch-ungarisches Werk stellten die riesigen Mörser und Artilleriegeschütze her, die Porsche transportierte. 1913 trat Škoda als Mehrheitsaktionär des Unternehmens in Wiener Neustadt auf den Plan. Fortan musste sich Ferdinand Porsche als Geschäftsführer der Interessengemeinschaft lediglich gegenüber dem Aufsichtsrat verantworten. Kurz vor seinem 38. Geburtstag hatte Porsche die alleinige Leitung über einen der bekanntesten Hersteller von Fahrzeugen, Flugmotoren,

*Ferdinand Porsche (Mitte, mit Hut) spricht mit Karl Illner (rechts), dem Pilot der Etrich-Taube, auf dem Flugfeld Aspern bei Wien. Im Hintergrund ein Lohner-Pfeil-Doppeldecker mit Sechszylinder-Flugmotor von Austro-Daimler, ca. 1913.*

Zugwagen für gigantische Haubitzen und anderes Kriegsmaterial inne. Als die Beziehungen zu Škoda nach Kriegsende aufgelöst wurden, blieb er Geschäftsführer von Austro-Daimler.

Alle Bereiche der unter Druck stehenden Werke waren Porsches Revier, wie sich sein Neffe und Sekretär Ghislaine Kaes erinnert: „Der Ferdl, wie seine Arbeiter ihn nannten – mal ehrfurchtsvoll, mal ängstlich – war jähzornig, aufbrausend und nachsichtig in einem. Er konnte plötzlich unerwartet auftauchen. In einem Moment war er überall und er sah alles. Die Leute fürchteten das. Kam es zu einem Fehler oder lief sonst irgendetwas schief, riss er sich die Melone vom Kopf, warf sie auf den Boden und trampelte darauf herum. Wenn Leute unentwegt redeten, ohne etwas zu sagen – also seine Zeit stahlen –, nannte er sie ‚Dummschwätzer' und ließ sie einfach stehen. Dennoch verehrten sie ihn alle, ja, liebten ihn."

**„Kam es zu einem Fehler oder lief sonst irgendetwas schief, riss er sich die Melone vom Kopf, warf sie auf den Boden und trampelte darauf herum."**

Ein Workaholic durch und durch, kam Porsche selten zum Mittagessen nach Hause und blieb bis spät in der Fabrik. Die Geduld von Tochter Louise stand dem jedoch in nichts nach, denn sie weigerte sich, ins Bett zu gehen, bevor der Vater ihr gute Nacht gewünscht hatte. In ihrer Freizeit aß die Familie im Wiener Stadtteil Grinzing in den Weinbergen zu Abend und ging ins Theater. Während Ehefrau Aloisia eine Vorliebe für Richard Wagner hegte, bevorzugte Ferdinand leichtere Operetten und Varietés.

Diese gemeinsamen Momente waren wertvoll, denn Ferdinand Porsche war ständig unterwegs, um die vielen Eisen zu schmieden, die er im Feuer hatte – „dieses rastlose Leben", wie sein Neffe es nannte. Dies sollte für die nächsten 40 Jahre Porsches Lebensstil sein. Er war häufig auf Reisen, um seine zahlreichen Projekte zu betreuen – Anweisungen zu geben, zu prüfen und zu kontrollieren, zu kritisieren und Mut zu machen. In all dem legte er eine erstaunliche Energie an den Tag.

### Die Vision vom „Volkswagen"

Die wirtschaftlichen Bedingungen der Nachkriegszeit stürzten Austro-Daimler in eine Krise. Die Probleme der Rumpfmonarchie Österreich in der Nachkriegszeit bedrückten Ferdinand Porsche sehr. Er beschäftigte sich mit der Entwicklung eines kleineren Autos, das in großen Stückzahlen produziert werden konnte, sodass es zu überschaubaren Preisen an einen größeren Kundenkreis verkauft werden konnte. Ein solches Projekt hatte industrielle Auswirkungen. Sowohl für die Konstruktion und die Entwicklung als auch für die Werkzeuge zur Serienfertigung wären hohe Investitionen erforderlich.

Der Vorstand von Austro-Daimler lehnte die Finanzierung des Kleinwagens seines Generaldirektors ab. Das kleine Rumpfland Österreich sei viel zu klein, um als Markt für einen solchen Wagen in Frage zu kommen, ließ man Porsche wissen, und sich auf die Exportmärkte zu verlassen, sei zu riskant. Eines Tages im Jahr 1921 besprach der Ingenieur seine Ideen und seine Enttäuschung mit dem wohlhabenden Sportler und Autoliebhaber Alexander Joseph Graf Kolowrat-Krakowsky, genannt „Sascha", einem Aktionär von Austro-Daimler.

Porsche war verblüfft, als Kolowrat ihm anbot, das für die Konstruktion eines solchen Wagens und den Bau von Prototypen erforderliche Geld aufzubringen. Dann, so Kolowrat, hätte der Vorstand des Unternehmens etwas Konkretes zum Testen und Abwägen für eine mögliche Produktion. Ein Vorschlag, den selbst der sparsamste Manager kaum ablehnen konnte. Und tatsächlich: Austro-Daimler willigte ein.

Im Sommer 1921 arbeitete Porsche mit seinem Ingenieurteam, darunter Otto Köhler, Karl Rabe und Otto Zadnik, intensiv an der Konstruktion des neuen Modells. In Anlehnung an seinen Sponsor wurde es „ADS" getauft, sein Kosename war „Sascha". Für den ADS wurde ein 1,1-Liter-Motor mit einer einzigen obenliegenden Nockenwelle entwickelt.

Die Autos zu bauen, war nur der Anfang, wussten Kolowrat und Porsche. Die eigentliche Aufgabe bestand darin, den konservativen Austro-Daimler-Vorstand davon zu überzeugen, in die Werkzeuge zu investieren, die für die Serienproduktion von „Sascha"-Autos erforderlich waren. Rennsportbegeistert wie sie waren, beschlossen die beiden Protagonisten, eine Wettbewerbsversion des neuen Modells zu bauen. Sie waren sich sicher, dass dies die Marke „Sascha" mit dem nötigen dramatischen Flair in Österreich einführen würde. Sie wollten die Käufer ermutigen, Wiener Neustadt zu stürmen und zu fordern, dass sie die feinen Kleinwagen der neuen Marke kaufen durften.

So begann Porsche im Sommer 1921 parallel zu seinem Serienauto-Projekt mit der Arbeit an einer Rennversion. Es handelte sich um eine spezielle Version mit dem Namen ADS-R, die auf einem Radstand von 2.450 mm gebaut wurde. Auf der Grundlage des ADS-Chassis wurde der Motor nach hinten und unten verlegt, um die Gewichtsverteilung zu verbessern und den Schwerpunkt zu senken. Eine längere Lenksäule neigte sich steiler zum rechten Fahrersitz hin. Das rechte Pedal betätigte nun über Zugstangen die Bremsen an allen vier Rädern. Da die Vierradbremse noch ein Novum war, waren die vorderen Trommeln versuchsweise kleiner als die hinteren.

Als bahnbrechende Neuheit platzierte Porsche zwei Kraftstofftanks unter dem Boden, direkt unter dem Fahrgastraum. Diese Anordnung hatte den doppelten Vorteil, den Schwerpunkt des Kraftstoffs so gering wie möglich zu halten – etwas, das Porsche auch bei seinen früheren Konstruktionen getan hatte – und eine gleichmäßigere Gewichtsverteilung beim Kraftstoffverbrauch zu gewährleisten.

Nun musste nur noch eine geeignete Karosserie für die vier produzierten Fahrzeuge gefunden werden. Ausschlaggebend für die endgültige Wahl war das Rennen, bei dem die Wagen ihr Debüt geben sollten: die Targa Florio über kurvenreiche Landstraßen an der Nordküste Siziliens. Die ADS-R-Karosserie wurde so leicht wie möglich gestaltet und mit einer ovalen Kühlerhaube versehen, die den Wind abhielt. Der „Sascha" erreichte eine Geschwindigkeit von 113 Stundenkilometern.

Das 13. Rennen der Targa Florio fand am 2. April 1922 an der Nordküste von Sizilien statt. Es war eine Schöpfung von Vincenzo Florio aus Palermo, dessen wohlhabende Familie die ersten Autos besessen hatte, die auf sizilianischen Straßen fuhren. Mit vier Runden auf dem gewundenen Kurs in den Bergen südlich von Cerda führte die Strecke über 430 Kilometer. Der Gesamtsieger des inzwischen zum Klassiker avancierten Rennens würde natürlich international gefeiert werden, aber die Targa Florio hatte auch Klassen für Autos mit kleinerem Hubraum, darunter 1,1-Liter-Modelle. Damit war sie attraktiv für den neuen Rennwagen Sascha ADS-R.

**Sein Mangel an akademischen Qualifikationen half ihm im statusbewussten Deutschland nicht weiter, wo Porsches österreichische Ehrendoktorwürde nicht anerkannt wurde.**

Passend zu den weiß-roten Rennfarben Österreichs wählte man für die Autos die Farbe Rot, damit die berüchtigten Banditen auf Sizilien sie für Italiener hielten und unbehelligt passieren ließen. Sascha Kolowrat hatte die geniale Idee, jedem ADS-R durch die Verwendung von Spielkartenfarben eine eigene Identität zu geben. Sein eigenes Auto trug weiße Herzen auf Kühler und Motorhaube. Der Wagen des erfahrenen Fritz Kuhn trug Pik, der von Lambert Pöcher das Kreuz und der von Alfred Neubauer war mit Karo gekennzeichnet.

Der ADS-R von Graf Kolowrat fiel mit einem Motorschaden in der ersten Runde aus, eines von 16 Fahrzeugen, die nicht ins Ziel kamen. Die übrigen drei Austro-Daimler schlugen sich tapfer. Lambert Pöcher wurde 24. – vor zwei Italienern –, Fritz Kuhn belegte Platz 22, vor einem Steyr. Am besten platziert war Alfred Neubauer – der spätere Rennleiter von Mercedes-Benz – als 19. im Gesamtklassement und damit Fünfter unter den Rennwagen. Er erreichte eine Durchschnittsgeschwindigkeit von mehr als 55 Stundenkilometern gegenüber den 63 Stundenkilometern des Gesamtsiegers.

Austro-Daimler war zu Recht stolz auf den Erfolg, den Porsche in Sizilien errang, denn drei seiner vier Fahrzeuge kamen ins Ziel und gewannen ihre Klasse. Das Unternehmen, so die Wiener AAZ, „konnte mit der Leistung seines Kleinwagens bei seinem ersten großen internationalen Rennen des Jahres rundum zufrieden sein". Es reichte jedoch nicht aus, um den Vorstand von Austro-Daimler zu ermutigen, in den ADS von Ferdinand Porsche zu investieren.

Stattdessen wurde Porsche von seinen Vorgesetzten aufgefordert, massiv Stellen abzubauen. Das kam 1922 in einer konfliktreichen Vorstandssitzung zur Sprache, woraufhin Porsche alle Verbindungen zu dem österreichisch-ungarischen Unternehmen kappte. Genau zu jener Zeit trennte sich Paul Daimler von der Stuttgarter Daimler-Motoren-Gesellschaft (DMG) und hinterließ damit eine Lücke im technischen Bereich von Untertürkheim.

Ein Headhunter riet der Daimler-Motoren-Gesellschaft, dass nur ein Mann der Spitzenklasse in der Lage sein würde, die Produkte zu entwickeln, die Daimler benötigte. Es fiel der Name Ferdinand Porsche. Dieser würde zwar teuer sein, teilte der Berater dem Aufsichtsrat mit, aber er wäre es wert. Daimler-Vorstand Ernst Berge konnte sich noch gut an das einstige Wunderkind erinnern, dem er 20 Jahre zuvor in Wien begegnet war. Und so entschied die DMG, Porsche zu engagieren. Kurz darauf beschlossen die beiden „Verlobten" Daimler und Benz, endgültig zu heiraten.

### Ankunft in Stuttgart

Mit Paul Daimlers Ausscheiden aus der DMG in Stuttgart im Jahr 1923 war der Weg für Ferdinand Porsche frei, zum Mercedes-Hersteller zu wechseln. Es war nicht das erste Mal, dass er gefragt wurde, aber erst als die Bedingungen bei Austro-Daimler in Wiener Neustadt unerträglich wurden, nahm er die Einladung an.

Ferdinand Porsches Fünf-Jahres-Vertrag als Vorstandsmitglied und Technischer Direktor der Daimler-Motoren-Gesellschaft trat Ende April 1923 in Kraft; seine erste offizielle Teilnahme an einem Vorstandstreffen fand am 4. Mai statt. Doch bereits im Februar hatte sich Porsche im Stuttgarter Hotel Marquardt einquartiert und sich an die Arbeit gemacht. Schon bald holte er andere Mitglieder seines Teams bei Austro-Daimler nach, darunter sein vertrauter Konstrukteur Otto Köhler und der Leiter seiner Einfahr-Abteilung, Alfred Neubauer. Bis sein eigenes neues Haus am Feuerbacher Weg 48–50 fertiggestellt war, mietete er eine Villa für seine Familie.

Zur vollständigen Fusion von Daimler und Benz kam es zwar erst 1926. Doch schon im Mai 1924 schlossen sie sich zu einer Interessengemeinschaft zusammen, um ihre neuen Konfigurationen zu entwickeln. Porsche geriet in einen Strudel von Zielkonflikten. Mit seinen „gefährlichen neuen Ideen" und seinem unbeugsamen Charakter trug er noch dazu bei. Der böhmische Ingenieur „wurde in Untertürkheim alles andere als mit offenen Armen empfangen", schrieb Porsches Biograf Peter Müller. Sein Mangel an akademischen Qualifikationen half ihm im statusbewussten Deutschland nicht weiter, wo Porsches österreichische Ehrendoktorwürde nicht anerkannt wurde.

Im Vorstand der DMG saßen bereits die Ingenieure Richard Lang und Hans Nibel, Letzterer der Leiter der Konstruktion bei Benz. Während Lang recht zugänglich schien, wurde der fünf Jahre jüngere Chefkonstrukteur Nibel als „pingelig und pedantisch" beschrieben und war gegenüber Porsches innovativen Ideen überhaupt nicht tolerant – Eigenschaften, die dem schnellen, entschiedenen Fortschritt, der Porsche vorschwebte, alles andere als zuträglich waren.

*Die siegreichen Sascha-Rennwagen kehren 1922 von der 13. Targa Florio zurück nach Wiener Neustadt und werden an der Einfahrt der Austro-Daimler-Werke von einer Menschenmenge gefeiert.*

*Ferdinand Porsche sitzt im hinteren Fahrzeug auf dem Beifahrersitz. Ganz vorn, am Steuer von Wagen Nummer 46: Alfred Neubauer.*

In Untertürkheim leitete Porsche eine neue zentrale Entwicklungsabteilung, in der neben der Forschung und Erprobung fortgeschrittene Entwicklungsarbeit zu allen neuen Produkten der Gruppe durchgeführt wurde. Während Porsche Hauptsprecher und Experte für Konstruktionsfragen der Daimler-Benz AG war, saßen sowohl er als auch Nibel im Aufsichtsrat des Unternehmens.

Obwohl Porsche erst am 30. April 1923 offiziell in Untertürkheim installiert wurde, traf er schon früher ein und befand sich mitten in den letzten Vorbereitungen für das ehrgeizigste Rennen, das Mercedes je unternommen hatte, eine Kampagne, die laut einem der Teilnehmer „unser Unternehmen eine enorme Summe Geld kostete". Im Mai 1923 schickte man ein Team aus drei durch Kompressoren aufgeladene Zweiliter-Vierzylinderwagen zum 500-Meilen-Rennen nach Indianapolis. Dies war ein gewagter Angriff der deutschen Marke auf Amerikas legendäres Rennen, für den die Autos und die Ausrüstung ins ferne Amerika verschifft werden mussten.

**Ein Fahrer, der die Qualitäten der Porsche-Konstruktionen voll ausnutzen konnte, war Rudolf Caracciola, der zu einem der hellsten Sterne am Mercedes-Firmament werden sollte.**

Mit respektablen Ergebnissen auf dem dritten, achten und elften Platz im Gesamtklassement bewiesen die Mercedes-Rennwagen ihre Robustheit beim Indy 500, aber nicht die Dauerlaufeigenschaften ihrer Kompressormotoren. Ferdinand Porsche untersuchte jeden Aspekt der Konstruktion und fuhr die Testwagen im Alter von 48 Jahren häufig selbst. Nach seinen Verbesserungen errang dieser Zwei-Liter-Mercedes den großartigen Sieg bei der Targa Florio am 27. April 1924. Werkstestfahrer Christian Werner beherrschte sowohl sein Auto als auch das Feld und gewann neben der Targa Florio auch die Coppa Florio.

Dies war ein überwältigender Erfolg bei einem der angesehensten Rennen der damaligen Zeit. Als Werner, Porsche und die drei Mercedes von Sizilien nach Stuttgart zurückkehrten, wurden sie auf dem Rathausplatz als siegreiche Helden gefeiert. Nach einer Lobrede des Bürgermeisters wurde Porsche gebeten, sich in Stuttgarts Goldenes Buch der hohen Auszeichnungen einzutragen. Außerdem wurde ihm von der Württembergischen Technischen Hochschule ein Ehrendoktoktortitel verliehen. Diese Auszeichnung wurde ihm „in Anerkennung seiner hervorragenden Leistungen beim Kraftwagenbau im allgemeinen und im besonderen als Konstrukteur des siegreichen Wagens im Targa Florio 1924" überreicht. Der „Dr. h.c." war die deutsche Anerkennung, die Porsche brauchte.

Ein Fahrer, der die Qualitäten der Porsche-Konstruktionen voll ausnutzen konnte, war Rudolf Caracciola, der zu einem der hellsten Sterne am Mercedes-Firmament werden sollte. Am 11. Juli 1926 fuhr er einen solchen Wagen beim Großen Preis von Deutschland auf der Berliner Avus.

Nach knapp 400 Kilometern und fast drei Stunden chaotischen Wettbewerbs vor mehr als 200.000 Zuschauern überquerte Caracciola als Erster die Ziellinie. Er gewann den Großen Preis von Deutschland mit der beeindruckenden Durchschnittsgeschwindigkeit von 135 Kilometern pro Stunde.

Caracciolas kaum minder populärer Kollege, „Bergkönig" Hans Stuck, feierte mit den Mercedes-Kompressorwagen ebenfalls große Erfolge. So gewann er unter anderem 1931 den Grand Prix vom Lemberg sowie zahlreiche Bergrennen, darunter 1932 die Europa-Bergmeisterschaft für Sportwagen.

Am 29. Juni 1926 entstand die Daimler Benz Aktiengesellschaft (DBAG) aus der Fusion von Daimler mit einem seiner größten Marktkonkurrenten, der Benz & Cie. AG aus Mannheim. Von nun an hießen ihre Autos Mercedes-Benz. An der Spitze der kombinierten Produktpalette stand ein leistungsstarkes Sechszylindermodell, dessen Konstruktion eine der ersten Aufgaben von Ferdinand Porsche bei Daimler gewesen ist. Mit der für Porsche typischen Geschwindigkeit waren die ersten Prototypen Anfang 1924 fertig geworden; später im selben Jahr wurden der Automobilwelt die ersten großen, mit Kompressor aufgeladenen Serienautos von Mercedes-Benz präsentiert.

Die neuen Modelle gab es in zwei Größen. Der kleinere Sechszylinder mit 3.920 ccm wurde in Mercedes vom TYP 15/70/100 eingebaut. Der größere Sechszylinder, Typ 24/100/140, trug auf seinem 6,3-Liter-Motor deutlich die Handschrift von Porsche. Die doppelte PS-Zahl zeigte, dass die Autos einen Kompressor hatten, ein Merkmal, das von Paul Daimler geerbt und von Porsche perfektioniert wurde.

Gemeinsam mit Daimlers Designteam brachte Porsche den Mercedes-Stern auf dem tief geschwungenen Kühler des 24/100/140 stolz in ein neues Jahrzehnt des Automobilbaus. Der Wagen wurde in einer Zeit wirtschaftlicher Turbulenzen in Deutschland geboren und wurde zum Flaggschiff der gemeinsamen Marketingbemühungen von Mercedes und Benz, noch bevor diese Namen durch die Fusion untrennbar miteinander verbunden wurden.

Auf einem kürzeren Chassis mit der Bezeichnung „K" für „kurz" schufen Porsche und seine Rennsportbegeisterten in Untertürkheim eine offene viersitzige Tourenwagenkarosserie mit fließenden Muschelkotflügeln und einem in das schräge Heck eingelassenen Reserverad. Die Motorleistung wurde auf 110 PS bei 2.800/min und 160 PS bei 3.000/min gesteigert, eine nützliche Verbesserung. Das Modell K mit der hohen Aufhängung wurde von der Fabrik bei Rennen eingesetzt und wurde zum Liebling privater Teilnehmer.

*Der Große Preis von Deutschland auf dem Nürburgring endet 1927 mit einem Dreifachsieg für den Mercedes Typ „S", die Siegerehrung findet in Untertürkheim statt. Ferdinand Porsche, hier auf Höhe des Kühlergrills, entwickelte diesen Rennwagen später erfolgreich zu den Typen „SS" und „SSK" weiter.*

IIIA-8559

Der Historiker K. B. (Kurt Bernard) Hopfinger schrieb über die ehemaligen Benz-Direktoren, die jetzt im Vorstand von Daimler Benz saßen: „Obwohl sie aufgrund der finanziellen Lage ihres ehemaligen Unternehmens ‚Juniorpartner' waren, widersetzten sie sich jedem Plan ehemaliger Vorstandsmitglieder von Daimler. Tatsächlich waren es diese ehemaligen Benz-Direktoren, die erfolgreich verhinderten, dass das Unternehmen bis 1934 weitere Rennwagen baute." Dies war für den wettbewerbsorientierten Ferdinand Porsche äußerst demotivierend.

Trotzdem fand Porsche einen Weg. Der große Sechszylinder wurde für 1928 weiter modifiziert. Seine Bohrung wurde um zwei Millimeter geöffnet, um seinen Hubraum auf 7.069 ccm zu vergrößern. In dieser Form, die die legendären Bezeichnungen SS und SSK trug, war er ein effektiver Rennmotor mit einer Kompressorleistung von 200 PS bei 3.000 U/min. Im Winter 1928/29 wurde in Untertürkheim eine Reihe kürzerer und leichterer SSK produziert, die letzten dieser großartigen Linie, die unter Porsches Leitung konstruiert wurden.

**Ferdinand Porsche verteidigte seine Politik und sein Team. Am 15. November 1928 wies er darauf hin, dass seine Ingenieurskollegen in der jüngeren Vergangenheit 14 neue Typen entwickelt hatten.**

Am populäreren Ende der Baureihe leitete Porsche die Konstruktion des neuen 8/38, eines 2,0-Liter-Modells, und eines größeren Sechszylinders, des 12/55 mit drei Litern Hubraum. Der 1926 in Berlin vorgestellte 8/38 wurde in bemerkenswerter Geschwindigkeit in Produktion genommen. Bis zum Ende des Jahres wurden 1.425 Stück gebaut, und 1927 waren es bereits 4.788 – ein neuer Rekord für einen Mercedes, Benz oder Mercedes-Benz. Im Dezember 1926 lobte Vorstandsmitglied Carl Jahr seinen Konstrukteur Porsche. „In der Konstruktion wurden für die verschiedenen Fabriken nicht weniger als neun verschiedene Typen entwickelt", sagte der Bankier, darunter auch Lastwagen. „Die meisten davon wurden bereits validiert und für gut befunden. Es bedarf keiner besonderen Erläuterung, welche Arbeit damit verbunden ist."

Ab 1926 brachte Porsche die Arbeit an einem neuen Kleinwagen mit 25 PS auf den Weg. Als erste Neuentwicklung des nun vollständig fusionierten Unternehmens trug der Wagen die Bezeichnung W 01. Vorläufige Pläne sahen pro Monat die Produktion von 1.000 Fahrzeugen des vielversprechenden neuen W 01 mit 1,6-Liter-Sechszylinder vor – eine Größenordnung, an die sich das Unternehmen bislang noch nicht herangewagt hatte, und zugleich Zeichen des Vertrauens in die Konstruktion von Ferdinand Porsche.

Carl Jahr äußerte jedoch Zweifel daran, dass es vernünftig sein würde, den Produkten und Preisen von Massenherstellern wie Opel nachzueifern, die mehr Spielraum hatten, um ihre Kosten zu senken. Im letzten Moment, als der Kredit in Höhe von 10 Millionen Reichsmark für die Produktion des W 01 beim Bankenkonsortium des Unternehmens beantragt werden sollte, machte die Daimler-Benz AG einen Rückzieher. Die

Hauptschuld schob man dem „Außenseiter“ Porsche zu, dessen Typ 8/38 PS nicht alle Erwartungen erfüllt hatte.

Ferdinand Porsche verteidigte seine Politik und sein Team. Am 15. November 1928 wies er darauf hin, dass seine Ingenieurskollegen in der jüngeren Vergangenheit 14 neue Typen entwickelt hatten – die Versuchsmotoren nicht eingerechnet. Sie seien durch zu viele Aufgaben überlastet. Zwei Jahre zuvor hatte er sich für eine Gehaltserhöhung für einige seiner wichtigsten Mitarbeiter eingesetzt, stieß aber auf den Widerstand seines Vorstands. Porsche vertrat außerdem die Ansicht, dass durch die weiterhin separaten Standorte für Karosseriekonstruktion und Materialerprobung in Mannheim und Untertürkheim Potenzial verschwendet wurde.

Die Dinge hatten sich schon zuvor im Oktober 1928 in einer stürmischen Vorstandssitzung zugespitzt, die das Ende von Porsches Fünfjahresvertrag einleitete. Der Vorstand versuchte, einen sanften Übergang herbeizuführen, der Porsches Fähigkeiten im Haus behielt und aus den Händen der Konkurrenten heraushielt. Er sollte eine längere Studienreise nach Amerika unternehmen, schlug die Firmenleitung vor, um mehr über in den USA gebaute Autos zu erfahren, die auf den europäischen Märkten für Aufruhr sorgten. Nach seiner Rückkehr, so versprachen sie, werde er leitender Berater sein und „an allen großen und schwierigen Projekten beteiligt sein“. Eine solch passive Rolle war jedoch nie Ferdinand Porsches Sache, nicht einmal im Alter von 53 Jahren.

Porsche musste gehen. Zu seinem Nachfolger hatten seine früheren Kollegen ausgerechnet seinen Rivalen bei Benz, Hans Nibel, erkoren. Porsches Anwalt und Schwiegersohn Anton Piëch führte wegen der Entlassung einen Rechtsstreit gegen Daimler-Benz, der 1930 außergerichtlich beigelegt wurde. Porsche vermietete seine schöne Villa am Feuerbacher Weg mit der großzügigen Garage für vier Autos und dem angrenzenden Lagerraum an seinen Nachfolger als Technischer Direktor, keinen anderen als den peniblen Hans Nibel.

Der Vorstand gab die Veränderung bekannt, ohne Ferdinand Porsche die gebotene Höflichkeit zu erweisen, seine Zukunftspläne zunächst selbst bekannt zu geben. Dazu gehörte die Stelle als Technischer Vorstand der österreichischen Steyr-Werke von 1929 bis 1930. Das Unternehmen und einige von Porsche konstruierte Produkte gerieten ins Wanken, als sich das stark geschrumpfte Österreich wieder einmal in einer finanziellen Notlage befand.

### Ein Freigeist

„In meinem Alter sollte man keine Rückschritte machen!“, sagte Porsche zu seinem Neffen Ghislaine Kaes, als er diesem erzählte, dass manche Firmen ihn unbedingt als Technischen Direktor haben wollten, aber sich weigerten, ihm eine Führungsposition zu geben. Gegenüber seinem Sohn sagte Porsche: „Es ergibt für mich keinen Sinn, von einem Unternehmen zum anderen zu wechseln." Ferry Porsche formulierte es anders: „Mein Vater stellte fest, dass, wenn er einen Vertrag mit einer Firma unterzeichnete, sie weitere zehn Jahre von seinen Konstruktionen leben konnten, er aber nicht!"

Diese Überlegungen mündeten schließlich in die Idee, ein eigenes Büro für Fahrzeugkonstruktion zu gründen. Unterstützt von einem kleinen, hochkarätigen Team, schloss er Verträge mit Unternehmen über die Entwicklung und Erprobung ihrer Fahrzeuge. So konnte er sich auf seine geliebte Konstruktionsarbeit konzentrieren und sich zugleich weitgehend aus der verhassten Unternehmenspolitik heraushalten. „Mein Vater war ein Mann, der genau wusste, was er tun und wie er es anpacken wollte", erinnert sich Ferry. „Es ärgerte ihn manchmal bis zum Äußersten, sich Meinungen unterwerfen zu müssen, von denen er instinktiv wusste, dass sie falsch waren oder darauf abzielten, ihn von seinem Ziel abzulenken."

**„Mein Vater stellte fest, dass, wenn er einen Vertrag mit einer Firma unterzeichnete, sie weitere zehn Jahre von seinen Konstruktionen leben konnten, er aber nicht!"**

Ob als Angestellter oder als Chef seiner eigenen Konstruktionsfirma – Ferdinand Porsche brauchte neue, patentierbare Ideen. Diese brachten Tantiemen ein und waren das Lebenselixier eines Technologieunternehmens. Gleichwohl war sich Porsche nicht zu schade, die Arbeit anderer zu würdigen. „Im Gegensatz zu anderen Ingenieuren", sagte sein Enkel Ernst Piëch, „ging mein Großvater sehr, sehr fair mit anderen Ideen um. Nach dem Krieg besuchten wir gemeinsam eine Automobilmesse in Paris. Wir standen vor einem Auto – einem sehr berühmten Auto – und er sagte: ‚Schau dir an, wie brillant sie es umgesetzt haben'. Neid war ihm vollkommen fremd. Er sagte: ‚Das ist einfach brillant.' Zeit seines Lebens war es seine Art, ein Team zusammenzuhalten, indem er andere Ideen annahm und sie kombinierte, um ein gutes Ergebnis zu erzielen."

Als die Dr. Ing. h.c. F. Porsche GmbH, Konstruktionen und Beratungen für Motoren- und Fahrzeugbau am 25. April 1931 in der Kronenstraße 24 in Stuttgart offiziell eingetragen wurde, waren die Firmenanteile wie folgt aufgeteilt: Ferdinand Porsche hielt 80 Prozent, sein Schwiegersohn Anton Piëch 10 Prozent. Weitere 10 Prozent befanden sich im Besitz von Adolf Rosenberger, einem jüdischen Geschäftsmann und ehemaligen Rennfahrer. Im Jahr 1933 kam der österreichische Baron Hans von Veyder-Malberg als Gesellschafter hinzu. Er erhielt 10 Prozent von Ferdinand Porsche, der damit seinen Anteil auf 70 Prozent reduzierte.

Im Februar 1933 gab Adolf Rosenberger die kaufmännische Geschäftsführung an Veyder Malberg ab, blieb jedoch bis 1935 Gesellschafter, bis er seine Anteile aufgrund der politischen Situation gezwungenermaßen an Ferry Porsche verkaufte und Deutschland verließ. Bis Ende 1937 war Rosenberger für Porsche im Ausland tätig.

Sein Ausscheiden als Gesellschafter wurde später zum Gegenstand von Spekulationen; einige vermuteten Rosenbergers jüdische Herkunft als Grund dafür. Mitglieder der Familie Porsche wiesen diese Behauptungen jedoch konsequent zurück. Ferry Porsche erinnerte sich später in seinen Memoiren, dass Rosenberger das Unternehmen aus freien Stücken verlassen hatte: „Leider war die finanzielle Lage unseres Unternehmens zu diesem Zeitpunkt sehr schlecht. Rosenberger bedrängte uns ständig, einen anderen Geldgeber zu suchen. Er wollte aus der Firma Porsche so schnell wie möglich aussteigen und Deutschland verlassen." In der Tat lief das Geschäft in jener Zeit anscheinend nicht gut.

So nahmen die dramatischen 1930er-Jahre ihren Anfang. Die Gründung des Konstruktionsbüros fiel mitten in die damalige Weltwirtschaftskrise – der Zeitpunkt hätte also nicht schlechter gewählt werden können, und anfangs kamen die Aufträge nur schleppend. Die Bezahlung des kleinen Teams aus Ingenieuren war für Porsche in diesen Anfangstagen der Selbstständigkeit ein Nullsummenspiel.

Die Verhältnisse verbesserten sich zusehends, als Porsche und sein Team, dem auch sein Sohn Ferry und Chefkonstrukteur Karl Rabe angehörten, nicht nur die legendären Auto-Union-Grand-Prix-Rennwagen konstruierten, sondern auch den „Volkswagen", eines der kontroversesten und zugleich erfolgreichsten Projekte der Automobilgeschichte. Den Auftrag zum Bau dieses Kleinwagens für das Volk erhält Porsche vom Reichsverband der Deutschen Automobilindustrie, massiv unterstützt vom nationalsozialistischen Regime, allen voran von Hitler selbst.

Das Projekt Massenmotorisierung mündet schließlich in den Bau einer gigantischen Automobilfabrik in der Nähe von Fallersleben (heute Wolfsburg), die von Ferdinand Porsche und seinem Schwiegersohn Anton Piëch geleitet wurde. Es gehört zu den bitteren Wahrheiten, dass dort in den Zeiten des „Dritten Reichs" nahezu kein einziger ziviler Volkswagen entstand. Stattdessen wurden dort später in Kriegszeiten militärische Fahrzeuge wie der „Kübelwagen", Teile für Flugzeuge sowie für die Rakete V1 produziert.

### „Für ihn war Technik etwas Absolutes, frei von Gut und Böse."

Es lag nicht an Porsche, dass der Diktator, der 1933 in Deutschland an die Macht gekommen war, seine Arbeit seit langem bewunderte und als österreichischer Landsmann volles Vertrauen in seine Fähigkeiten hatte.

In der Zeit des Nationalsozialismus färbte Porsches Ansehen auf das Regime ab, so Richard von Frankenberg, Hitler-Biograf, ab 1952 erster Chefredakteur des Porsche-Magazins Christophorus und ehemaliger Rennfahrer: „Für das Dritte Reich war Ferdinand Porsche nicht nur ein

*Das Konstruktionsbüro in der Kronenstraße 24 in Stuttgart, ca. 1935. Ferry Porsche steht in der Mitte links, rechts neben ihm (mit Pfeife) ziemlich sicher Hans von Veyder-Malberg. .*

Mann, der geholfen hatte, das technische und wirtschaftliche Fundament dieser Epoche zu gestalten, sondern er war auch so etwas wie ein Aushängeschild für diese Ära und ihre politische Führung. Denn allein aufgrund der Tatsache, dass Ferdinand Porsche im Dritten Reich tätig gewesen war, er, der weithin bekannte und vielfach ausgezeichnete Volkswagen-Konstrukteur, konnte das Dritte Reich sagen: ‚Schaut her, dieser Mann arbeitet rückhaltlos mit maximalem Einsatz für uns. Dieser Mann hat sich uns verschrieben. Wie kann es dann einen Zweifel an unserem Regime geben, wenn solch außergewöhnliche Männer wie Ferdinand Porsche es offen unterstützen?'"

Ähnlich lässt sich Porsches Rolle beschreiben, was die Konstruktion von Panzern betrifft. So kamen Entwürfe wie der Leopard- und der Tiger-Prototyp, mit dem der „Mixte"-Antrieb von 1900 wieder aufgegriffen wurde, kaum über das Versuchsstadium hinaus. Diese Form des Antriebs sah Porsche auch für militärische Selbstfahrlafetten und den gigantischen Panzerkampfwagen „Maus" vor, das schwerste gepanzerte Fahrzeug, das je gebaut wurde. Es entstanden nur zwei Exemplare.

**Der Neuanfang startete bescheiden. Man baute alles, was sich bewegte, und gebraucht wurde, darunter landwirtschaftliche Geräte wie Mähfinger, Zugmaschinen oder Seilwinden – und, nicht zuletzt, Traktoren.**

Dennoch spielten Porsches Panzerentwicklungen in der NS-Propaganda eine bedeutende Rolle: Sie dienten dem Regime als vermeintliche „Wunderwaffen", die die Zuversicht stärkten, den längst verlorenen Krieg fortzuführen.

In seiner Studie „Porsche: Vom Konstruktionsbüro zur Weltmarke" (gemeinsam mit Nils Havemann und Jutta Braun)[1] beschreibt der angesehene deutsche Historiker Wolfram Pyta ausführlich Porsches Rolle während der Zeit des Nationalsozialismus. Dabei kommen die Wissenschaftler unter anderem zu folgendem Fazit:

„Ferdinand Porsche wollte sich allerdings nur so weit auf das NS-Regime einlassen, wie es ihm und seinem Unternehmen zu nützen schien. Eine innere Bindung zu den Kernzielen des Regimes verspürte er nicht. Antisemitische Äußerungen von ihm aus der NS-Zeit sind nicht überliefert. Insofern berechtigt der Einblick in die parteipolitische ‚Karriere' von Ferdinand Porsche und seiner engsten Mitarbeiter zu der Einschätzung, dass auf sie die Kategorie ‚unpolitisch gerierender NS-Technokrat' zutrifft. […]

Dezidiert nationalsozialistische Überzeugungen waren für seinen unternehmerischen Erfolg auch gar nicht nötig. Denn die NS-Diktatur bot einer technokratischen Elite, zu der Porsche unzweifelhaft zählte, privilegierte Entfaltungsmöglichkeiten. Ferdinand Porsche revanchierte sich dafür mit Gegenleistungen, die das NS-Regime in propagandistischer Hinsicht (Volkswagen und dessen Derivate) für sich ausschlachtete."

Ferdinand Porsches Rolle während des Krieges hatte unweigerlich Folgen. Als die französischen Renault-Werke nach dem Krieg verstaatlicht wurden und die Idee eines „Volkswagens" wieder aufkam, wurde der

[1] Siedler, München 2017

Konstrukteur des deutschen Originals zu einer gefragten Figur. Porsche wurde von einer französischen Kommission unter Führung des kommunistischen Industrieministers Marcel Paul eingeladen, an der Entwicklung eines Fahrzeugs mit Heckantrieb mitzuwirken. Mitte November fuhr Porsche gemeinsam mit seinem Sohn Ferry und seinem Schwiegersohn Anton Piëch nach Baden-Baden in die französische Besatzungszone. Anfangs wurde das Trio sehr höflich behandelt und Porsche bekam sogar das Angebot, ein Automobilwerk zu leiten und einen französischen Volkswagen zu entwickeln. Während eines späteren Treffens für Vertragsverhandlungen wurden die drei jedoch vom französischen Geheimdienst festgenommen.

Während Ferry Porsche im März 1946 nach vier Monaten aus der Haft entlassen wurde, hielt man seinen Vater und Piëch in Baden-Baden fest und verlegte sie im Mai nach Paris. Dort trug Porsche, nun als Gefangener, mit Vorschlägen zur Produktion und Entwicklung des Renault 4CV bei und unternahm sogar Testfahrten mit verschiedenen Prototypen. Der Widerstand französischer Automobilhersteller, die sich dem Volkswagen-Projekt widersetzten, sorgte jedoch dafür, dass er in Haft blieb, anstatt eine Führungsrolle in einem französischen Automobilwerk zu übernehmen.

Den im Krieg bezogenen Produktionsstandort im österreichischen Gmünd und die Residenz "Schüttgut" in Zell am See konnte die Familie in die Friedenszeit hinein retten. Der Neuanfang startete bescheiden. Man baute alles, was sich bewegte, und was gebraucht wurde, darunter Wasserturbinen und landwirtschaftliche Geräte wie Mähfinger, Zugmaschinen oder Seilwinden – und, nicht zuletzt, Ackerschlepper und Traktoren. Einer der wichtigsten Aufträge kam von der Firma Allgaier aus dem schwäbischen Uhingen, die einen modernen Traktor bestellte.

Nach zehn Monaten wurden Porsche und Piëch am 18. Februar 1947 von Paris in ein Zuchthaus nach Dijon verlegt. Eine Untersuchung möglicher Kriegsverbrechen begann und Porsches Gesundheitszustand in seiner unbeheizten Zelle verschlechterte sich deutlich. Erst im Mai 1947 begannen die Verhöre, wobei sich der Fall durch Aussagen von Peugeot-Direktoren zugunsten von Porsche wendete. Am 1. August 1947 wurden Porsche und Piëch auf Kaution freigelassen – angeblich für eine Summe von einer Million Francs.

Während der Gefangenschaft ihres Vaters übernahm Porsches Tochter Louise Piëch die Leitung des Familienunternehmens und behielt diese Rolle auch nach dessen Rückkehr. Rückblickend erzählt sie, dass ein Auftrag zur Konstruktion eines Grand-Prix-Rennwagens für Cisitalia in Turin schließlich die Mittel für die Freilassung ihres Vaters eingebracht hatte. Der Cisitalia-Rennwagen, als Wunderwerk der Technik gefeiert, ging nie bei einem Rennen an den Start – rettete dafür aber Porsches Leben.

Mit knapp 72 Jahren kehrte Ferdinand Porsche in schlechtem Gesundheitszustand nach Österreich zurück. Als er die Entwürfe für den Cisitalia und den 356 „Nr. 1" Roadster sah, lobte er seinen Sohn Ferry für

*Im österreichischen Gmünd entstehen in Handarbeit die ersten Coupés, 1948. Im Hintergrund der 356 „Nr. 1“ Roadster.*

dessen Arbeit: „Ich hätte diese Aufgabe genauso angepackt wie du." Diese anerkennenden Worte und ein Schulterklopfen waren ein entscheidender Moment für Ferry Porsche.

**„Die richtige Balance aus originellen Ideen, Entschiedenheit und Führungskompetenz."**

Am 3. September 1950 kamen alte und neue Freunde in Stuttgart zusammen, um den 75. Geburtstag von Ferdinand Porsche zu feiern. Der Tag begann mit einer Familienzusammenkunft in der Villa am Feuerbacher Weg, wo Porsche als Geschenk ein in Zuffenhausen gefertigtes, schwarz lackiertes Porsche 356 Coupé präsentiert wurde. Der nächste Akt fand im Innenhof des Parkhotels statt, wo mehr als 100 Porsche-Besitzer aus ganz Deutschland auf Geheiß von Joachim Egon Fürst zu Fürstenberg einfuhren. Von dort fuhren sie in Begleitung von Polizisten mit Motorradgespannen zum Schloss Solitude am westlichen Rand von Stuttgart. „Es schien, als wäre ganz Stuttgart auf den Beinen", sagte ein Teilnehmer, „um diese außergewöhnliche Kolonne wunderschöner Fahrzeuge zu sehen."

Die Fahrer wurden bei ihrer Ankunft von Porsche persönlich empfangen, der von einem zum anderen ging, um Freunde zu begrüßen und sich mit ihren Autos ablichten zu lassen. Der Ingenieur inspizierte eine Reihe von fünf roten Porsche-Traktoren, die von Allgaier zu diesem Anlass geliefert worden waren. Zum Empfang und Abendessen im Schloss mischten sich prominente Persönlichkeiten wie Rennfahrer Rudolf Caracciola unter die Gäste.

**Geschwächt erlag Ferdinand Porsche am 30. Januar 1951 um 1 Uhr 48 nachts einer Lungenentzündung. Seine Urne wurde auf dem Stammsitz der Familie in Zell am See beigesetzt.**

Entgegen allen Ratschlägen, etwas kürzerzutreten, blieb Ferdinand Porsche weiterhin aktiv. Im Oktober reiste er nach Venedig und absolvierte seine letzte Fahrt über die Großglockner Hochalpenstraße.

Der 19. November 1950 könnte der Tag gewesen sein, an dem Ferdinand Porsche und sein Neffe von ihrer Besichtigung des VW-Werks in Wolfgang nach Stuttgart zurückkehrten. Am 20. November, einem Montag, gab der Professor anlässlich der Hochzeit seines Neffen Herbert Kaes eine kleine Feier in einem Stuttgarter Bistro. Ferry und Ghislaine Kaes konnten Porsche überreden, gegen 22 Uhr 30 nach Hause zu fahren, während die anderen Gäste bis drei Uhr morgens weiterfeierten.

Frühmorgens erhielt Ghislaine Kaes einen Anruf von seinem Onkel, der ihn um Hilfe bat. Ferdinand Porsche war nach einem Schlaganfall halbseitig gelähmt.

Dies war nicht seine erste Begegnung mit der Vergänglichkeit des Lebens. Die Symptome, die er im Juni 1948 seinem Klagenfurter Arzt Dr. Siegbert Zollner schilderte, wiesen auf einen Herzinfarkt hin. Dr. Zollner riet seinem Patienten, sich zu schonen, doch Porsche tat nichts dergleichen, wie sich Ghislaine Kaes erinnert. Stattdessen beschwor er seinen Arzt, ihn wie ein Automobil mit Ersatzteilen auszustatten. „Respekt, Herr Professor!", entgegnete Zollner. „So weit sind wir noch nicht."

Im November 1950 empfing der bettlägerige Porsche in seiner Villa am Feuerbacher Weg die letzte Ölung von Pater Johannes OSB vom Benediktinerkloster Neresheim, östlich von Stuttgart. Pater Johannes war Porsches Beichtvater während seiner Gefangenschaft in Dijon gewesen. Anfang Januar aus Klagenfurt herbeigerufen, entschied Dr. Zollner, seinen Patienten am 2. Januar ins Marienhospital zu überweisen. Geschwächt erlag Ferdinand Porsche am 30. Januar 1951 um 1 Uhr 48 nachts einer Lungenentzündung. Seine Urne wurde auf dem Stammsitz der Familie in Zell am See beigesetzt.

Sowohl damals als auch nach dem Tod von Ferdinand Porsche konnten nur wenige die Bedeutung seines Lebens und seiner Karriere aus erster Hand zusammenfassen. Viele kannten diesen oder jenen Aspekt seiner Arbeit und hatten ihn miterlebt, doch Porsche wirkte über einen so langen Zeitraum mit einer solchen Autorität in so vielen Unternehmen an so vielen Aspekten der Fahrzeugkonstruktion mit, dass sich seine kaleidoskopartigen Leistungen jeder Beschreibung entziehen. Am schwierigsten zu definieren waren sein bodenständiger Charakter und seine ruhige Entschlossenheit.

Ein Nachruf kam von der Schweizer *Automobil Revue*, deren Herausgeber Robert Braunschweig Porsche seit den 1930ern gekannt hatte. Anlässlich des 100. Geburtstags von Ferdinand Porsche schrieb die *AR:*

*„Andere mögen mehr Schöpfungen von größerer Brillanz hervorgebracht haben, während andere wiederum vielleicht besser in eine Welt hineinpassten, die zunehmend organisiert, zunehmend auf Kommerz ausgerichtet ist. Doch Ferdinand Porsche, ein Mann, gesegnet mit höchstem technischen Gespür, oftmals brüsk, häufig schwierig in Verhandlungen, verfügte über genau die richtige Balance aus originellen Ideen, Entschiedenheit und Führungskompetenz, um seine Ziele in oftmals ungünstigen Situationen zu erreichen. Er umgab sich mit einem Team aus loyalen Ingenieuren und Technikern, die über Jahrzehnte an seiner Seite standen und deren eigene Ideen er förderte, einstufte und schließlich für sich nutzte."*

*Ferdinand Porsche an seinem 75. Geburtstag auf Schloss Solitude in Stuttgart. Hinter ihm das schwarze 356 Coupé, das er zu diesem Anlass geschenkt bekam. Es steht heute im Porsche Museum.*

*Zurückhaltender Auftritt: Eher nüchtern und ohne große Dekoration präsentiert Porsche 1950 beim 37. Automobilsalon in Paris zwei in Stuttgart gebaute Modelle, ein 356 Coupé (l.) und ein 356 Cabrio (r.).*

HOUSSE 37
LORY
SOCIETE FRANCAISE DE PEINTURES ET VERNIS
NEO LORY C.A
X AU FOUR
PORSCHE

*Ferdinand Porsche in einem seltenen Moment der Muße.*

In *Das Auto* würdigte Herausgeber H. U. „Uli" Wieselmann die außerordentliche Bandbreite seines Schaffens:

*„Die vielleicht erstaunlichsten Eigenschaften dieses brillanten Konstrukteurs waren die Vielseitigkeit und Anpassungsfähigkeit, mit denen er jede Aufgabe erfüllte, die ihm aufgetragen wurde oder die er sich selbst stellte. Er widmete sich der Motorisierung des Volkes mit demselben Gespür, mit dem er einst Luxusautomobile für die Wiener Oberschicht gebaut hatte. Er entwickelte robuste Alltagsfahrzeuge mit derselben Leidenschaft wie die komplexesten Sport- und Rennwagen. Werners Targa-Florio-Mercedes, Stucks Austro-Daimler, Caracciolas SSK, Rosemeyers Auto-Union-Rennwagen entstammen demselben Geist wie der modernste Rennwagen der Welt, der Porsche-Cisitalia. In Friedenszeiten motorisierte er Feuerwehren und die Landwirtschaft, im Krieg die weltweit größten Haubitzen, und er baute Flugmotoren im Ersten Weltkrieg und Amphibienfahrzeuge im Zweiten. Das Markenzeichen seines Genies ist nicht, dass es ihm auf ganzer Linie gelungen ist, auf all diesen grundlegend verschiedenen Gebieten etwas von Wert zu erschaffen, sondern vielmehr, dass seine Designs neu, revolutionär und wegweisend waren."*

**Die Konstruktionen von Ferdinand Porsche bedurften keiner pompösen Präsentation. Mit ihrer außergewöhnlichen Verbindung von Logik und Fantasie sprachen sie für sich selbst.**

Wie viele, die sich nach Porsches Tod über dessen Karriere äußerten, betrachtete Wieselmann den Cisitalia Grand Prix als letzte Manifestation seines technischen Talents. Dies war jedoch unzutreffend, denn das 1,5-Liter-Kompressor-Fahrzeug mit seinem Zwölfzylindermotor war allein das Werk von Ferry mit Karl Rabe, Leopold Schmid, Ernst Fuhrmann, Josef Mickl, Erwin Komenda und anderen Mitgliedern der inzwischen in die Jahre gekommenen Brigade, als Porsche in Haft saß. Es zeugte von den Führungsqualitäten des Professors, dass es ihm gelungen war, ein Team aufzubauen und – selbst in Abwesenheit – zusammenzuhalten, das in der Lage war, eine solch herausragende technische Leistung zu vollbringen.

Es versteht sich von selbst, dass der bescheidene Ferry Porsche in den schwierigen Nachkriegsjahren darauf verzichtete, die Leute von der Idee abzubringen, dass sein Vater noch immer aktiv an ihrer Arbeit mitwirkte, denn die Reputation des Professors war das überzeugendste Kapital, das sein Konstruktionsbüro besaß.

Besucher des Pariser Autosalons, der am 5. Oktober 1950 eröffnet wurde, sahen einen bescheidenden Messestand neben dem von Marmon-Herrington und gegenüber dem Gang von Packard. Auf seinem Teppich standen zwei in Stuttgart gebaute Porsche 356, die mit ihren Weißwandreifen auffielen. Dahinter prangte über dem Stand ein einfaches Schild mit der Aufschrift „1900 PORSCHE 1950" – die erste Jahreszahl im Art-déco-Stil, die zweite in einer modernen Schrifttype. Porsche war gerne bereit, sich am Messestand ablichten zu lassen.

Der Effekt war eine subtile und zugleich überwältigende Evokation der sagenhaften Karriere des Ferdinand Porsche. Die Porsches, die seinen Namen trugen, wurden im Grand Palais gezeigt – damals fester Bestandteil der Weltausstellung 1900 in Paris, als ein Lohner-Porsche erstmals die Welt in Atem hielt. 1900 verband die Pont Alexandre III die österreichisch-ungarischen Pavillons am linken Seine-Ufer mit dem Grand Palais auf der rechten Uferseite. Dort wurde nun das neueste Produkt aus dem Hause Porsche ausgestellt.

Keine der beiden Vorführungen war prätentiös. 1900 gab es nicht einmal einen Teppich. Doch die Konstruktionen von Ferdinand Porsche bedurften auch keiner pompösen Präsentation. Mit ihrer außergewöhnlichen Verbindung von Logik und Fantasie sprachen sie für sich selbst. Bis heute machen sie für nachfolgende Generationen die vielgestaltigen Errungenschaften des entschlossenen Mannes aus Maffersdorf sichtbar.

Kurz darauf veröffentlichte die Patentabteilung des Porsche-Unternehmens eine Zusammenfassung seines Lebenswerks. „Bis zum 30. Januar 1951", hieß es dort, „wurden 260 deutsche Patente von Dr. Porsche selbst oder unter seiner Leitung angemeldet. Einschließlich entsprechender ausländischer Patente waren es insgesamt 1.230." Ein eindrucksvolles Zeugnis für seine außergewöhnliche Schöpferkraft.

Darüber hinaus hat Ferdinand Porsche den nachfolgenden Generationen innerhalb und außerhalb seiner Familie den technischen Abenteuergeist vermacht, der ihn auszeichnete. Es war das größte Vermächtnis, das ein Ingenieur hätte hinterlassen können.

# Ferdinand Porsches Erbe – Vision und Tradition

**Von einem der bedeutendsten Ingenieure und Automobilpioniere des 20. Jahrhunderts ist heute noch genau ein Tondokument bekannt: ein Radiointerview des Süddeutschen Rundfunks anlässlich seines 75. Geburtstags im Jahr 1950. „Durch meine Bastelei in meiner Heimat habe ich immer eine Vorliebe gehabt für Elektrotechnik", gibt Ferdinand Porsche mit unverkennbar böhmischem Zungenschlag zu Protokoll. „Ich habe ja eigentlich Spengler gelernt. Als angehender Elektrotechniker bin ich dann nach Wien gekommen, in eine elektrotechnische Fabrik, und dort habe ich Elektromotoren gemacht."**

So hat alles angefangen – oder, um es mit den Worten von Frank Jung zu sagen, Leiter Unternehmensarchiv und Sammlungen bei Porsche: „Unsere Geschichte beginnt elektrisch.“ Und zwar mit der Präsentation der ersten, von Porsche konstruierten Elektro- und Hybridfahrzeuge an der Schwelle zum 20. Jahrhundert. Und die Geschichte führt Porsche nun wieder an diesen Punkt. Mit dem Anbruch des neuen Elektrozeitalters, mit innovativen Plug-in-Hybriden und reinelektrischen zwei- und viertürigen Sportwagen schließt sich ein Kreis – 150 Jahre nach Ferdinand Porsches Geburt, 75 Jahre nach seinem Tod.

Überzeugender lässt sich die Aktualität von Porsches Schaffen nicht belegen. Technologisch wie unternehmerisch setzt er früh Maßstäbe, bereitet die Wege für Konstruktionen und Prinzipien, die heute aktueller scheinen denn je. Was mit ihm beginnt, setzt sein Sohn Ferry später fort: 1948 präsentiert Porsche mit dem 356 „Nr. 1“ Roadster das erste Fahrzeug, das den Namen der Familie trägt. Seither ist das Unternehmen untrennbar mit einer Familie verbunden, deren Kontinuität zu einer zentralen Säule des Erfolgs wurde. Bis heute ist Porsche nicht nur eine Marke, sondern das Vermächtnis einer Familie, die ihre Traditionen bewusst pflegt und zugleich immer wieder Neues wagt.

Die Geschichte Ferdinand Porsches startet mit revolutionären Ideen im Fahrzeugbau. Schon Ende des 19. Jahrhunderts beschäftigt sich der junge Selfmade-Ingenieur mit innovativen Antriebstechnologien – lange bevor Begriffe wie Elektromobilität oder Hybridantrieb populär werden. Ab 1896 widmet sich der 21-Jährige bei Béla Egger & Co. intensiv der Elektrotechnik und zeigt dabei schnell außergewöhnliche Begabung. Bereits 1898 entsteht der Egger-Lohner C2 Phaeton, dessen Chassis und Antrieb maßgeblich von Porsche gestaltet werden. Ein Jahr darauf gewinnt er mit einer Konstruktion den ersten Ehrenpreis des österreichischen Automobil-Clubs für eine hervorragende Leistung bei der Semmering-Fahrt, wie die damalige Werbung stolz berichtet: „Die 4-6 % Steigung Schottwien-Semmering 10 km lang in 1 Stunde 25 Min.

zurückgelegt, bei der Rückfahrt am 28. August die Strecke Neunkirchen-Wien (Porzellangasse) circa 65 km, mit einer Batterie-Ladung und zwar in 25 Kilometer-Tempo ohne Batterie-Erschöpfung durchfahren."

**Er startet mit dem Lohner-Porsche 1900 bei einem Rennen in Chislehurst. Vom Rennsport auf die Straße – auch ein frühes Prinzip bei Ferdinand Porsche, das im Unternehmen bis heute oberste Priorität hat.**

Einem großen internationalen Publikum bekannt wird Ferdinand Porsches Name im Jahr 1900 auf der Pariser Weltausstellung: Er präsentiert dort unter dem System Lohner-Porsche ein innovatives Elektrofahrzeug, angetrieben von lenkbaren Radnabenmotoren. Das Fahrzeug sorgt für ungeheures Aufsehen und unterstreicht die Kreativität und technische Kompetenz des jungen Ingenieurs.

Noch im selben Jahr setzt Porsche mit einem weiteren Fahrzeug einen Meilenstein der Automobilgeschichte: Ein elektrisch angetriebener Rennwagen mit vier Radnabenmotoren wird zum weltweit ersten allradgetriebenen Automobil, ausgestattet mit einer Vierradbremse. Er wird speziell für einen britischen Kunden namens E.W. Hart angefertigt. Porsche nennt den Wagen „La Toujours Contente" (die stets Zufriedene) – als ironische Antwort auf Camille Jenatzys Rekordwagen „La Jamais Contente" (die nie Zufriedene), mit dem er 105 km/h erreichte.

Bei Porsche verfügt jeder der vier Radnabenmotoren über 14 PS Leistung. Schon damals ist der junge Ingenieur bekannt dafür, seine Konstruktionen selbst bei Rennen zu testen. Er startet mit einem Lohner-Porsche Rennwagen 1900 bei einem Rennen im englischen Chislehurst. Vom Rennsport auf die Straße – auch ein frühes Prinzip bei Ferdinand Porsche, das im Unternehmen Porsche bis heute oberste Priorität hat.

Mit der Idee, Elektromotoren und Benzinantrieb miteinander zu kombinieren, geht Porsche noch einen Schritt weiter. Noch im Jahr 1900 entsteht der Lohner-Porsche „Semper Vivus" (immer lebendig) – das erste funktionsfähige Vollhybridfahrzeug der Welt. Dabei versorgen zwei Benzinmotoren jeweils einen Generator, der wiederum die Radnabenmotoren und gleichzeitig die Batterien mit elektrischer Energie beliefert.

*Porsche mit seinem Geburtstagsgeschenk, dem 356 Coupé, auf dem Katschberg in Österreich, 1950. Der Pass diente ihm schon früher als Teststrecke.*

Katschberghöhe

Dieses Hybrid-Konzept entwickelt Porsche in den folgenden Jahren konsequent weiter: Der Lohner-Porsche „Mixte", quasi die Serienversion des „Semper Vivus", zeigt erstmals die Alltagstauglichkeit hybrider Antriebstechnik. Zur Stromerzeugung verwendet Porsche nun einen mächtigen 5,5-Liter-Vierzylinder-Frontmotor mit 25 PS, der von der österreichischen Daimler-Motorengesellschaft stammt. Mit dem unter der Sitzbank platzierten Stromgenerator ist der Motor durch eine Antriebswelle verbunden, die Steuerung erfolgt über einen Hauptregler neben dem Lenkrad. Im normalen Fahrbetrieb laufen Benzinmotor und Generator mit einer konstanten Umdrehungszahl und versorgen Radnabenmotoren und Batterie mit gleichbleibendem Strom.

Um das Gewichtsproblem seiner Fahrzeuge in den Griff zu bekommen, verringert Porsche kontinuierlich die Größe der Batterien. Aufgrund der gesunkenen Batteriekapazität kann der „Mixte" zwar nur noch wenige Kilometer mit reiner Elektrokraft fahren, doch das Leergewicht des viersitzigen Tourenwagens reduziert sich auf nur rund 1.200 Kilogramm.

Porsche fährt mit dem Wagen von Wien sogar bis ins rund 400 Kilometer entfernte Maffersdorf, seinen Geburtsort. Die Familie beobachtet vor dem Elternhaus staunend, wie er Vater Anton und Bruder Oskar auf eine Ausfahrt mitnimmt. Einen weitaus prominenteren Passagier befördert er mit dem „Mixte" 1902 während des sogenannten Kaisermanövers bei Sasvar in Ungarn: Den österreichisch-ungarischen Thronfolger Erzherzog Franz Ferdinand. „Nach Ende des militärischen Teils wurde der junge Ingenieur sowohl von Kaiser Franz Joseph, als auch Erzherzog Franz Ferdinand sowie dem deutschen Kronprinzen Wilhelm von Preußen intensiv zu dem mit einer eleganten Tourenkarosserie ausgestatteten Fahrzeug befragt", berichtet das Buch „Electrified – seit 1893" aus der Edition Porsche Museum . „Franz Ferdinand war so angetan von dem hybriden Lohner-Porsche, dessen Generator von einem Mercedes-Motor angetrieben wurde, dass er die Dienstzeit des Reservisten Porsche um einen Tag verlängerte, um sich mit dem Wagen zum Schnellzug bringen zu lassen. Schon bald darauf erhielt Ferdinand Porsche ein Dankschreiben, das belegte ‚wie zufrieden seine Kaiserliche Hoheit in jeder Hinsicht' war."

Auch im Motorsport überzeugt das Konzept. Im April 1902 siegt der „Mixte" mit Porsche am Steuer in der großen Wagenklasse des Exelbergrennens. Scheinbar mühelos bewältigt der Lohner-Porsche auch die größten Steigungen der 4,2 Kilometer langen Schotterstraße hinauf auf den Berg.

Über 100 Jahre später greifen Porsches Nachfahren unter dem Stichwort „Intelligent Performance" dieses historische Erbe ihres Firmengründers wieder auf. Im Jahr 2010 präsentiert das Unternehmen drei verschiedene Hybridfahrzeuge und setzt damit erneut technologische Zeichen: Ein Highlight ist die Konzeptstudie eines Hochleistungs-Mittelmotorsportwagens mit Plug-In-Hybrid namens Porsche 918 Spyder, begleitet vom Cayenne S Hybrid, dem ersten serienmäßigen Hybridmodell der Marke. Parallel dazu entsteht mit dem Porsche 911 GT3 R Hybrid der erste Porsche-Rennwagen mit elektrischem Vorderachsantrieb und Schwungradspeicher-Technologie.

Die Entwicklung der Hybridtechnologie wird anschließend weitergeführt und erreicht schließlich mit dem Rennwagen Porsche 919 Hybrid ihren vorläufigen Höhepunkt. Ab 2015 erzielt Porsche mit diesem Fahrzeug drei Gesamtsiege in Folge bei den 24 Stunden von Le Mans – und beweist damit eindrucksvoll das Potenzial der Hybridtechnik auf höchstem motorsportlichen Niveau. Die Technologie von der Rennstrecke kommt wie so oft in der Serie zum Einsatz, unter anderem beim Taycan.

Mit dem Taycan als erstem vollelektrischen Serienfahrzeug sowie dem 2024 präsentierten Elektro-SUV Macan und weiteren reinelektrischen Sportwagen richtet Porsche nun seinen Kurs auf die Zukunft der Elektromobilität aus – mehr als 125 Jahre nach Ferdinand Porsches ersten Elektromobilen.

*Die ersten Porsche Hybrid-Modelle des 21. Jahrhunderts, in der Tradition des Gründers.*

PORSCHE
911
PORSCHE INTELLIGENT PERFORMANCE
MICHELIN
Mobil 1
CHOPARD
DMG MORI
CHOPARD

## Frühe Grundlagen: Die Porsche-DNA

Die kontinuierliche Entwicklung effizienterer Antriebstechnologien zieht sich wie ein roter Faden durch die gesamte Porsche-Geschichte. Von Ferdinand Porsches ersten Ideen bis zu den aktuellen Modellen ist es stets der Anspruch, technische Innovation mit Effizienzsteigerung zu verbinden – ein Prinzip, das heute noch relevanter ist als jemals zuvor. Porsches Hybridkonzept entstammt dem Bestreben, die jeweiligen Schwächen der beiden Antriebskonzepte zu kompensieren. Leistungsfähige Batterien sind in diesen Anfangsjahren des Automobils (und der Elektrizität) schlicht zu schwer, und reine Verbrennungsmotoren sind Porsche anfangs nicht genügend leistungsfähig. Die gesamte Infrastruktur war herausfordernd angesichts hoher Ladedauer, geringer Reichweite und fehlender Tankstellen. Eine „hohe Problemlösungskompetenz" bescheinigt Porsche-Historiker Frank Jung dem Unternehmensgründer. Eine Eigenschaft, die auch heute noch als Markenzeichen der Porsche-Ingenieure gilt.

Seinen ersten Benzinmotor habe er „ungefähr 1908" konstruiert, berichtet Porsche 1950 im Geburtstagsinterview des Süddeutschen Rundfunks, gleichzeitig sei „eine komplette Neukonstruktion entstanden, der sogenannte ‚Maja'-Wagen". Doch etwas plagt ihn damals: „Der Wagen war mir noch zu wenig schnell", erinnert sich der Professor im Interview. Weil der Motor schon an seiner Leistungsgrenze angelangt gewesen sei, habe er das Thema „von einer anderen Seite anpacken" müssen. „Und da bin ich auf die Luftwiderstände gekommen, sodass ich dann die Achsen, die Scheinwerfer, die Kotflügel etwas stromlinien- oder tropfenförmig gestaltet habe." Das Ergebnis laut Porsche: „Eine kolossale Geschwindigkeitssteigerung!"

Das Prinzip verfolgt Porsche konsequent weiter, auch in seiner Zeit bei Austro-Daimler. So entwickelt er den legendären Prinz-Heinrich-Wagen, einen Rennwagen, der 1910 mit ihm selbst am Steuer nicht nur bei

Zuverlässigkeitsfahrten brilliert, sondern durch technologische Raffinesse beeindruckt. „Ziemlich siegreich" sei er damit gewesen, erzählt Porsche stolz im Radiointerview, denn er habe mit ihm „die gesamte deutsche Autoindustrie besiegt und nicht weniger als acht erste Preise bekommen". Der viersitzige Wagen habe in der Spitze 149 Stundenkilometer erreicht, damals ein atemberaubendes Tempo.

Neben erfolgreichen Personen- und Rennwagen konstruierte Porsche in dieser Zeit auch Flugmotoren, beispielsweise einen Vierzylinder-Motor mit Doppelzündung, der 1909 das erste lenkbare Luftschiff Österreichs, den „Parseval", antrieb. Im Folgejahr entstand eine Flugausführung seines Prinz-Heinrich-Vierzylinder-Motors, mit dem das kleine Rennflugzeug „Möve" von Ingo Etrich und Karl Illner angetrieben wurde. Die Flugmotoren von Ferdinand Porsche waren nebenbei auch die ersten Vierventiler, die Höhen von mehr als 5.000 Metern erreichten.

Ferdinand Porsche ist von Anbeginn überzeugt, dass technischer Fortschritt durch Wettbewerb beschleunigt wird. Motorische Unterlegenheit gleicht er nicht nur durch möglichst geringe Luftwiderstände aus, sondern auch durch möglichst geringes Gewicht. Eines der prominentesten Beispiele für die Leichtbauweise ist der Austro-Daimler ADS-R „Sascha", die Rennversion eines von Porsche und seinem Förderer Alexander Joseph Graf Kolowrat-Krakowsky geplanten Kleinwagens. Vier Prototypen feiern 1922 ihre Premiere bei der Targa Florio, dem waghalsigen Straßenrennen durch das sizilianische Madonie-Gebirge. Drei von ihnen starten in der 1,1-Liter-Klasse. Kolowrat, mit seinem Kosenamen „Sascha" Namensgeber des Projekts, fällt mit Motorschaden aus. Die anderen beiden Prototypen erringen einen Doppelsieg in der Klasse. Der vierte Wagen, ausgestattet mit einem 1,5-Liter-Motor, nimmt es mit der Konkurrenz in der stärkeren offenen Klasse auf – und erreicht nach 432 Kilometern, 6.000 Kurven und Steigungen von bis zu 12,5 Prozent den 19. Platz im Gesamtklassement.

*Mit dem roten ADS-R „Sascha“ Nr. 2 fuhr der Österreicher Lambert Pöcher bei der Targa Florio 1922 auf den 24. Platz.*

In der italienischen Presse wird der ADS-R gefeiert, es ist von „der Offenbarung der Targa Florio" die Rede. Das Besondere: „Sascha" tritt gegen Fahrzeuge mit bis zu fünfmal stärkerem Motor an – und ist in der Durchschnittsgeschwindigkeit am Ende nur 8 km/h langsamer. Trotz dieser überzeugenden Vorstellung entscheidet sich der Vorstand von Austro-Daimler gegen eine Serienproduktion des Kleinwagens.

Ferdinand Porsche zieht daraufhin weiter. Ein großer beruflicher wie familiärer Schritt folgt 1923, als er von Austro-Daimler als Technischer Direktor nach Stuttgart zur Muttergesellschaft Daimler-Motoren-Gesellschaft wechselt. Der zweifache Familienvater – Tochter Louise wurde 1905 geboren, Sohn Ferdinand, genannt Ferry, 1909 – lässt sich von den Architekten Paul Bonatz und Friedrich Eugen Scholer in der Nähe des noblen Stuttgarter Killesbergs eine großzügige Villa errichten. Die schwäbische Metropole, eines der Zentren der europäischen Automobilindustrie, wird damit zur neuen Heimat für die noch in der k.u.k.-Monarchie verwurzelte Familie. Eine zukunftsweisende Entscheidung, wie sich ein Vierteljahrhundert später herausstellen wird. Die Familie Porsche wird zu „österreichischen Schwaben", wie es Wolfgang Porsche scherzhaft formulierte.

**Porsche besitzt die Fähigkeit und die Weitsicht, die richtigen Techniken zu entdecken und sie, nicht zuletzt, mit einem hoch kompetenten Team umzusetzen.**

Die dominierenden Rennwagen jener Zeit entstammen der Ära Porsche bei Daimler. Die leistungsstarken Mercedes-Kompressorwagen verdienen nicht unbedingt das Prädikat „Leichtbau", doch zumindest bei den reinrassigen Rennsportmodellen SS und SSK versucht Porsche, an Gewicht einzusparen, was möglich ist. Mögliche Nachteile gegenüber den leichteren französischen und italienischen Konkurrenten werden durch die überlegene Kompressortechnologie wettgemacht, die für ungeahnte Leistungswerte sorgt. Als Wegbereiter gilt hier Paul Daimler, während Porsche die Technologie weiterentwickelte.

Hier zeigt sich eine weitere charakteristische Eigenschaft des Konstrukteurs Porsche: Meist hat er die wegweisenden Technologien nicht selbst erfunden, aber er besitzt die Fähigkeit und die Weitsicht, die richtigen Techniken zu entdecken und sie, nicht zuletzt, mit einem hoch kompetenten Team umzusetzen. Eine direkte Analogie lässt sich ein halbes Jahrhundert später zum Einsatz der Turbotechnik bei Porsche ziehen: Die Technologie wird nicht bei Porsche erfunden (in Wahrheit stammt das erste Patent dafür aus dem Jahr 1905), aber in den 1970er-Jahren unter Leitung des Porsche-Enkels Ferdinand Piëch zur Einsatzreife gebracht. Zuerst für den Motorsport mit dem 917, dann für die Serie mit dem 930 Turbo – getreu dem Prinzip „von der Rennstrecke auf die Straße", das schon der Firmengründer pflegte.

Auch in seiner Zeit bei Daimler lässt es sich Ferdinand Porsche nicht nehmen, zur Targa Florio nach Sizilien zu reisen. Im Jahr 1924 ist er neben dem Rennfahrer Alfred Neubauer zu sehen, der erstmals am Steuer des Mercedes-Kompressorwagens SSK sitzt. Der spätere Rennleiter des Mercedes Grand Prix Teams belegt bei seinem Targa Florio-Debüt einen respektablen dritten Platz in der Kategorie Hubraum 1.501 bis 2.000 ccm.

„In Anerkennung seiner hervorragenden Leistungen beim Kraftwagenbau im Allgemeinen und im besonderen als Konstrukteur des siegreichen Wagens im Targa Florio 1924" verleiht die Württembergische Technische Hochschule Ferdinand Porsche, damals Direktor der Daimler-Motorengesellschaft, am 4. Juni 1924 „die Würde eines Doktor-Ingenieurs ehrenhalber". Den „Dr. Ing. h.c. F. Porsche" führt das Unternehmen auch heute noch mit Stolz im Namen.

Mit der Targa Florio bleibt Porsche auch in späteren Jahren eng verknüpft. Im Jahr 1956 fährt Umberto Maglioli im 550 A Spyder den ersten Sieg für die damals noch junge Sportwagenfirma ein. In den 1960er-Jahren dominiert Porsche die Targa Florio, mit insgesamt sechs Gesamtsiegen. Der niederländische Rennfahrer Gijs van Lennep gewinnt 1973 auf einem 911 Carrera RSR. Es war der letzte Triumph für Porsche bei dem Straßenrennen, das 1977 zum letzten Mal in seiner ursprünglichen Form ausgetragen wurde.

*Der 911 Targa erinnert noch an den Namen des Straßenrennens, bei dem Ferdinand Porsche einst Erfolge feierte.*

PORSCHE
S GO 107 H

Das legendäre Straßenrennen steht Pate, als es in den 1960er-Jahren um die Namensfindung für die zweite Karosserievariante des 911 geht. Der damalige Porsche-Verkaufsleiter Harald Wagner schlägt die prägnante Kurzform „Targa" für das Sicherheitscabriolet mit dem feststehenden Schutzbügel vor. Bis heute präsentiert Porsche in jeder 911-Generation einen Targa als Karosserievariante, die auf einen stabilen Liebhaberstamm trifft. Aus dem einstigen Kunststoff-Faltdach der ersten 911-Generationen, das sich unter der Frontklappe verstauen lässt, wird ab 1996 drei Generationen lang ein großes Glasschiebedach, das per Knopfdruck über die Heckscheibe gleitet.

Die siebte 911-Generation (Typ 991) besitzt statt des Glasschiebedachs wieder einen Überrollbügel und greift damit die Idee der frühen Generationen auf. Porsche wäre aber nicht Porsche, wenn man nur ein simples Faltdach wie beim Ur-Elfer installiert hätte. Stattdessen entwickelt man ein technisches Wunderwerk, dessen Funktion Porsche so beschreibt: „Auf Tastendruck öffnet sich die Glasheckscheibe nach hinten und wird gekippt. Sie ist mit dem Verdeckkastendeckel verbunden. Gleichzeitig öffnen sich zwei Klappen im Targa-Bügel und geben die Kinematik des Softtops frei. Das Verdeckelement wird entriegelt, während der Öffnung nach hinten z-förmig gefaltet und hinter den Fondsitzen abgelegt. Eine quer verlaufende Blende integriert dort das Verdeckelement. Abschließend schließen sich die Bügelklappen wieder um die Heckscheibe."

Selten wurde das Öffnen und Schließen eines Verdecks mit so viel Akribie beschrieben. Die Porsche-Ingenieure haben beim Typ 991 eine gut 50 Jahre alte Konstruktion mit Hightech neu definiert. Eines der Geheimnisse für die ewige Jugend des 911. Der alte Ferdinand Porsche hätte daran bestimmt seine Freude gehabt. Auch er gab sich nicht mit dem Erreichten zufrieden, suchte unablässig nach der besten, zu ihrer Zeit verfügbaren Technologie.

## Kontinuität als Erfolgsgeheimnis

Ein Prinzip, das Ferdinand Porsches Schaffen ebenso begleitet wie grundlegende Konstruktionsmerkmale. So lassen sich beispielsweise Leichtbau und Stromlinienform durch die Ahnenreihe der Porsche-Entwicklungen mühelos verfolgen.

Bereits die von Porsche einst geplante Serienversion des Austro-Daimler ADS-R „Sascha" verkörpert seine Vision von einem kleinen und leichten Wagen für das Volk, der Platz für eine Familie bietet. Schon in den 1920er-Jahren will er Mobilität für jedermann ermöglichen, ein erschwingliches, robustes und zuverlässiges Fahrzeug – eine Idee, die Porsche jahrzehntelang antreibt, und die er schließlich 1931 zusammen mit seinem Schwiegersohn Anton Piëch und dem Pforzheimer Adolf Rosenberger im Rahmen seines eigenen Konstruktionsbüros in Stuttgart zu realisieren versucht.

Die Selbstständigkeit, so hofft Porsche, soll ihm jene Unabhängigkeit verschaffen, die er in seinen früheren Positionen in den Automobilunternehmen fast ein Vierteljahrhundert oft schmerzlich vermisst hatte.

An Anerkennung mangelt es ihm schon bei der Bürogründung nicht. Dennoch braucht es Mut und Selbstvertrauen, sich mitten in der Weltwirtschaftskrise selbstständig zu machen. Porsche beweist beides. Am 25. April 1931 wird die „Dr. Ing. h.c. F. Porsche Gesellschaft mit beschränkter Haftung, Konstruktion und Beratung für Motoren und Fahrzeuge" mit Sitz in der Kronenstraße 24 im Handelsregister eingetragen. Auch Porsches Sohn Ferry, damals 21 Jahre alt, ist mit von der Partie – und von der Schaffenskraft des Vaters begeistert: „Er sah immer neue Horizonte", so Ferry später, „und kreierte immer wieder Automobile, die ihrer Zeit voraus waren."

Zu den ersten Auftraggebern gehört Wanderer aus Chemnitz. Porsches Büro entwickelt für den sächsischen Hersteller einen kompletten Mittelklassewagen, der später als Wanderer W21/22 in Serie geht, sowie einen Reihen-Achtzylindermotor. Es folgen Entwicklungsaufträge weiterer Hersteller für Fahrwerks- und Lenkungselemente. „Ferdinand Porsche war kein Mann der Feder und der Bücher", urteilt der Historiker Wolfram Pyta in seiner Studie „Porsche: Vom Konstruktionsbüro zur Weltmarke", „sondern ein Techniker, von Unrast getrieben auf der ständigen Suche nach der optimalen technischen Lösung."

Am 10. August 1931 meldet Porsche die Drehstabfederung zum Patent an. Sie gilt als technischer Höhepunkt und Meilenstein in der Technikgeschichte und findet noch heute im internationalen Automobilbau Verwendung. Porsche verdient mit ihr über Jahre Lizenzgebühren, und letztlich ist die eigens entwickelte Konstruktion wegweisend für die weitere Entwicklung des Unternehmens.

Im Jahr 1932 folgt ein Auftrag des Motorradherstellers Zündapp, mit dem Porsche eines seiner Herzensprojekte verfolgen kann: Die Entwicklung eines Kleinwagens. Mit Heckmotor und einer stromlinienförmigen Karosserie erscheint der Porsche Typ 12 im Auftrag heute wie der Urahn des Volkswagens, der später als VW „Käfer" bekannt wurde. Wegen der wirtschaftlichen Depression verzichtet der Motorradhersteller allerdings auf eine Serienproduktion. Einen Wagen mit ähnlichen Eigenschaften entwickeln die Porsche-Konstrukteure dann mit dem Typ 32 für NSU.

Der große Durchbruch kommt im Frühjahr 1933 von der kurz zuvor in Sachsen gegründeten Auto Union: Porsche soll einen völlig neuartigen Rennwagen konstruieren. Dem Auftrag gehen jahrelange Gespräche voraus. Porsches Geschäftspartner Adolf Rosenberger und Wanderer-Vorstand Klaus Detlof von Oertzen hatten das Geschäft eingefädelt. Porsches Mannschaft hatte für Wanderer bereits einen neuen Reihen-Achtzylindermotor und eine Sechszylinder-Mittelklasselimousine entwickelt, die später als Wanderer W21/22 in Serie ging. Die anspruchsvollste Aufgabe aber stellte dann die Entwicklung eines neuen Rennwagens dar. Die neue Grand-Prix-Formel limitiert das Leergewicht der Rennwagen auf 750 Kilogramm, setzt aber sonst kaum technische Grenzen. Die anfangs P-Rennwagen – P für Porsche – genannte Konstruktion entpuppt sich als Geniestreich: Der legendäre „Silberpfeil" der Auto Union besitzt einen 16-Zylinder-Motor, der direkt hinter dem Fahrer montiert ist und damit für eine optimale Gewichtsverteilung sorgt. Eine Bauweise, die erstmals beim Benz-Tropfenwagen zu sehen war und die später auch die Konstruktion des nie im Rennen eingesetzten Rennwagens Porsche Typ 360 „Cisitalia" und des 356 „Nr. 1" Roadster prägt. Sie ist bis heute im Rennsport erfolgreich – und findet sich auch durch die gesamte Porsche-Historie hindurch in den Serienmodellen 550 Spyder, 914 und Boxster wie auch im Supersportwagen Carrera GT wieder.

Von der Rennstrecke auf die Straße – der Motorsport habe „den Grundstein gelegt für den rasanten Aufstieg" des Unternehmens, bemerkt Historiker Pyta. Die Bedeutung des Auto-Union-Auftrags in den 1930er-Jahren für die Firmengeschichte könne „gar nicht hoch genug veranschlagt werden". Bis heute gehört der Motorsport zum Markenkern von Porsche.

**Die Mittelmotor-Bauweise ist bis heute im Rennsport erfolgreich – und findet sich auch durch die gesamte Porsche-Historie hindurch in den Serienmodellen wieder.**

Das Projekt Kleinwagen findet 1934 mit Unterstützung der nationalsozialistischen Regierung seine Fortsetzung, als Porsche vom Reichsverband der Deutschen Automobilindustrie den Auftrag zur Konstruktion und zum Bau eines Volkswagens erhält. Seine Konzeption sieht eine moderne windschlüpfrige Karosserie mit vier Sitzen und einen Vierzylinder-Boxermotor im Heck vor. Mit dem ebenfalls heckgetriebenen Typ 64 „Berlin-Rom-Wagen" legt Ferdinand Porsche 1939 den Grundstein für die Idee eines eigenen Sportwagens mit dem Namen Porsche, die sein Sohn Ferry ab 1948 mit dem Typ 356 verwirklicht.

Das Antriebsprinzip wird nach dem Zweiten Weltkrieg nicht nur millionenfach im „Käfer" umgesetzt, sondern auch zum Vorbild für die Porsche-Sportwagen 356 und 911. Diese technische Konstante prägt die Markenidentität von Porsche nachhaltig, der Dauerbrenner 911 begrün-

*Unzertrennlich: Chefkonstrukteur Karl Rabe (r.) und sein Chef in Neuss am Rhein, 1936.*

det damit bis heute seine weltweite Ausnahmestellung. Diese Verbindung von Form und Funktion, von Tradition und Innovation, macht Porsche einzigartig und sorgt für einen hohen Wiedererkennungswert über Generationen hinweg.

Mit dem Volkswagen-Auftrag wird Mitte der 1930er-Jahre aus dem Konstruktionsbüro, in dem hauptsächlich am Reißbrett gearbeitet wird, zusätzlich ein Entwicklungs- und Versuchsbetrieb. Die ersten Prototypen entstehen in der Garage des Porsche-Anwesens auf dem Stuttgarter Killesberg, doch bald wird deutlich mehr Platz benötigt. Im Mai 1937 erwirbt die Gesellschaft deshalb ein rund drei Hektar großes Areal im Stuttgarter Stadtteil Zuffenhausen und errichtet hier das erste Werk. Es wird zur Keimzelle der heutigen Porsche AG und steht damit symbolisch für Kontinuität – ein Zeichen dafür, wie tief das Schaffen Ferdinand Porsches das Unternehmen bis heute prägt.

## Eine Familie schreibt Geschichte

Die über Generationen nachhaltigen Erfolge sind nur mit einer eingeschworenen und kompetenten Mannschaft zu bewältigen. Mit der Gründung seines Konstruktionsbüros im Jahr 1931 schart Porsche bewährte Techniker und Ingenieure um sich. Nahezu alle folgen ihm aus seinen früheren Wirkungsstätten. Ferdinand Porsche, der Teamleader. Dabei erweist es sich als unschätzbarer Vorteil, dass die fachlich erprobte Mannschaft die ganze Bandbreite der Fahrzeugtechnik abdeckt, stets motiviert von den Ideen des „Professors“. Vor allem in den Anfangsjahren des Konstruktionsbüros besteht der Lohn für die zunächst 19-köpfige Belegschaft häufig nur aus Unterkunft und Verpflegung.

Es zahlt sich jetzt aus, dass er sich schon bei Austro-Daimler für die Förderung junger Ingenieure eingesetzt und diese beispielsweise an Samstagen geschult hat. Sie gehören zu den Besten ihrer Zeit – und sie bleiben dem Unternehmer und dem Unternehmen Porsche oft über Jahrzehnte verbunden.

So etwa Karl Rabe, dem Porsche 1913 bei Austro-Daimler begegnet. Später wird Rabe zum Leiter des dortigen Konstruktionsbüros ernannt. 1927 wechselt er als Chefkonstrukteur zu Steyr. Diese sichere und gut dotierte Stelle gibt er auf, um Porsche nach Stuttgart zu folgen. Mit der Gründung des Konstruktionsbüros wird Rabe als Chefkonstrukteur eingesetzt, später als Prokurist, schließlich als Geschäftsführer. Rabe ist Leiter des „Cisitalia"-Projekts, trägt zudem maßgeblich zur Entwicklung des 356 bei und ist bis 1965 in leitender Funktion an vielen Projekten beteiligt. Bis zu seinem Tod 1968 bleibt er enger Berater von Ferry Porsche.

Der Motorenspezialist Josef Kales trifft bei Austro-Daimler auf Karl Rabe. Gemeinsam wechseln sie 1927 zu Steyr, wo Kales zwei Jahre später Ferdinand Porsche kennenlernt und mit ihm ins Konstruktionsbüro mitgeht. Dort kann Kales als Motorenspezialist seine Fähigkeiten vor allem bei der Entwicklung des Auto-Union-Rennwagens unter Beweis stellen. Von Beginn an begleitet er die Entwicklung des Volkswagens und tritt ab 1941 außerdem als leitender Verbindungsmann von Porsche im Volkswagenwerk in der „KdF-Stadt" auf. Nach 1945 bleibt Kales im heutigen Wolfsburg und leitet die Abteilung Konstruktion in der technischen Entwicklung, bis er 1957 zum Leiter der technischen Entwicklung und später zum Prokuristen aufsteigt.

Diplom-Ingenieur Josef Mickl arbeitet vor seiner Zeit bei Porsche als Flugzeugexperte bei der österreichischen Marine. Zudem ist er technischer Direktor und Chefingenieur der ersten jugoslawischen Flugzeugfabrik Ikarus. 1918 stellt Ferdinand Porsche ihn schließlich bei Austro-Daimler ein, denn Spezialgebiete wie Fahrmechanik, Motor, Luftkühlung und Aerodynamik sind für Porsche von Wert. Auch er wechselt 1931 ins Porsche-Konstruktionsbüro. Seine Berechnungen legen die Basis für die Konstruktion des Auto-Union-Rennwagens, des Volkswagens und des Porsche Typ 360 „Cisitalia". Auch an der Entwicklung von Traktoren und Windkraftanlagen wirkt er maßgeblich mit.

Erwin Komenda kommt 1931 in das Konstruktionsbüro Porsche. Zuvor lernt er Ferdinand Porsche bei Steyr kennen und sammelt mit nur 26 Jahren als stellvertretender Leiter der Serien-Konstruktionsabteilung bei Daimler-Benz Erfahrungen. Bei Porsche ist er insbesondere für die Karosseriekonstruktion zuständig. So verantwortet er Projekte für Wanderer, Auto Union und Volkswagen und ist an der Entwicklung des Porsche Typ 360 „Cisitalia" und dem geplanten Porsche Typ 370 beteiligt. Maßgeblichen Anteil hat er ebenfalls an der Entstehung des Porsche 356. Aufgrund seiner Leistungen steigt er 1955 zum Oberingenieur auf und bleibt bis zu seinem Tod Chefkonstrukteur der Karosserieabteilung.

Franz Xaver Reimspieß lernt Ferdinand Porsche kennen, als er mit 15 Jahren Laufbursche bei Austro-Daimler ist. Karl Rabe bemerkt sein Talent früh und lässt ihn an Konstruktionen mitarbeiten. Später absolviert Reimspieß ein Ingenieursstudium. Mit seinen Kenntnissen wirkt er beim Volkswagen-Motor mit und entwickelt die Bremsanlage für den Auto-Union-Rennwagen. Nach Kriegsende wechselt er zu Steyr, 1951 kehrt er zu Porsche zurück. Als Oberingenieur bleibt Reimspieß dem Unternehmen bis zur Rente treu. Mit seinem künstlerischen Talent zeichnet er sowohl das Volkswagen-Logo als auch 1952 das Porsche-Wappen.

Schon früh wird auch Ferry Porsche im Konstruktionsbüro in verschiedene Projekte eingebunden und erhält mit Aufgaben wie der Koordination der VW-Erprobungsfahrten zunehmend Verantwortung. 1935 übernimmt er die Anteile von Adolf Rosenberger als Gesellschafter, 1940 die stellvertretende Gesamtleitung des Betriebs. Fünf Jahre später steigt Ferry Porsche zum Leiter des Betriebs in Gmünd auf. Er beginnt, seine

Vision eines eigenen Sportwagens zu realisieren: die Basis für den 356. Der Rückhalt aus dem Team seines Vaters, insbesondere aus dem Kernteam der Ingenieure, ermöglicht ihm die strategische Weiterentwicklung des Unternehmens in Stuttgart und den Ausbau des Konstruktionsbüros zum Automobilproduzenten. Als das Unternehmen zum 1. August 1972 in eine Aktiengesellschaft umgewandelt wird, übernimmt Ferry Porsche den Vorsitz des Aufsichtsrates. Dieses Amt hat er bis zu seinem Tod 1998 inne.

„Mein Sohn", erklärt Ferdinand Porsche im Interview des Süddeutschen Rundfunks, „wird ja, sagen wir mal, mein Werk weiterführen." Er sollte Recht behalten. Beide Kinder, Sohn Ferry wie Tochter Louise, die maßgeblich in Österreich die Geschäfte aufbaut, sind an der Seite des Vaters aufgewachsen.

Diese generationenübergreifende Kontinuität sichert nicht nur langfristige Stabilität, sondern auch die Pflege familiärer Werte und Traditionen, die noch heute Kern der Porsche-Unternehmenskultur sind. So gilt das 1931 gegründete Konstruktionsbüro als der frühe Vorläufer der heutigen Porsche AG und Ursprung der Porsche-Kundenentwicklung, die seit 2001 in der Porsche Engineering Group GmbH mit Sitz im Entwicklungszentrum Weissach zusammengefasst ist. Wie aus dem Anbieter von Konstruktionsdienstleistungen innerhalb weniger Jahre ein eigenständiger Entwicklungsbetrieb und später ein international tätiges Unternehmen wurde, ist eine der großen Erfolgsgeschichten der Automobilhistorie.

Immer wieder lassen die Ingenieure der Porsche Engineering Group mit innovativen Projekten aufhorchen. Was einst als kleines Stuttgarter Konstruktionsbüro begann, findet heute seine Fortsetzung in großem Maßstab. Mit rund 1.700 Mitarbeitern in Deutschland, Tschechien, Rumänien, Italien und China hat sich Porsche Engineering als einer der renommiertesten und vielseitigsten Ingenieurdienstleister etabliert. Auftraggeber sind die Marken des Volkswagen-Konzerns und andere Automobilhersteller, aber auch Zulieferer und Unternehmen fremder Branchen. Längst reicht die Expertise über zukunftsweisende Disziplinen der Automobilentwicklung hinaus und umfasst neueste Funktions- und Softwareentwicklungen sowie weitere digitale Themen. Dabei reicht das Spektrum von Konzeption, Konstruktion, Prototypenbau, Erprobung, Fertigungsplanung, Beschaffung und Logistik bis hin zur Produktion. Nachhaltiges, ökologisches und effizientes Arbeiten ist Kern des Selbstverständnisses. Eine Tradition, die seit mehr als 90 Jahren Erfolg verspricht.

Ferdinand Porsche hat eine technologische und unternehmerische Philosophie begründet, die von seinen Nachfahren bis heute mit bemerkenswerter Konsequenz fortgeführt wird. Die Stabilität einer familiengeführten Unternehmensstruktur, die Kontinuität in technischen Prinzipien mit dem Mut zu Veränderungen und der Suche nach besseren technischen Lösungen und die Treue zur eigenen Herkunft bilden das Fundament für den dauerhaften Erfolg von Porsche.

So lebt das Vermächtnis Ferdinand Porsches auch 150 Jahre nach seiner Geburt fort – aktuell und zukunftsorientiert wie am ersten Tag.

*Ferry Porsche im 356 „Nr. 1“ Roadster, mit dem er einst seine Vision vom Sportwagen verwirklichte.*

286

*Mensch, Visionär, Familienunternehmer: Ferdinand Porsche 1937.*

# Impressum

Bibliografische Information der Deutschen Nationalbibliothek.
Die Deutsche Nationalbibliothek verzeichnet diese Publikation in der Deutschen Nationalbibliografie; detaillierte bibliografische Daten sind im Internet über http://dnb.dnb.de abrufbar.

1. Auflage
ISBN 978-3-667-13133-1


Redaktion:
**Thomas Ammann**

Texte:
**Thomas Ammann,**
**Karl Ludvigsen**

Unter Mitwirkung von:
**Jakob Iglhauser,**
**Frank Jung**

Lektorat:
**Hanno Vienken**

Gesamtgestaltung und Lithografie:
**Michael Geisler,**
**Factory Kommunikation,**
**Bielefeld**

Druck:
**HUNTER Books GmbH,**
**Mainaschaff**
Printed in Germany 2025



Delius Klasing Verlag GmbH,
Siekerwall 21,
D - 33602 Bielefeld
Tel.: 0521/559-0
E-Mail: info@delius-klasing.de
www.delius-klasing.de

Foto: Illenberger, Stuttgart

# Ferdinand Porsche (1875–1951)

| | |
|---|---|
| 1875 | Geboren am 3. September in Maffersdorf in Böhmen (heute: Vratislavice, Tschechische Republik) |
| 1888 | Spenglerlehre im Betrieb seines Vaters Anton Porsche |
| 1891 | Abendkurse in Elektrotechnik an der k. u. k. Staatsgewerbeschule in Reichenberg (heute: Liberec, Tschechische Republik) |
| 1893 | Anstellung bei der Elektrofirma Béla Egger & Co., Wien |
| 1899 | Konstruktion des Radnabenmotors<br>Anstellung bei k. u. k. Hofwagenfabrik Jacob Lohner & Co., Wien |
| 1900 | Präsentation des Lohner-Porsche „Elektromobils" auf der Weltausstellung in Paris<br>Porsche und Lohner bauen mit dem „Semper Vivus" das erste funktionsfähige Vollhybridfahrzeug |
| 1903 | Hochzeit mit Aloisia Kaes. Aus der Ehe gingen zwei Kinder hervor. |
| 1904 | Geburt der Tochter Louise (verheiratet mit Anton Piëch) |
| 1906 | Technischer Direktor bei Austro-Daimler, Wiener Neustadt |
| 1909 | Geburt des Sohnes Ferdinand Anton Ernst „Ferry" |
| 1910 | Sieger der dritten Prinz-Heinrich-Fahrt |
| 1917 | Ernennung zum Generaldirektor von Austro-Daimler und Verleihung des Ehrendoktortitels durch die Technische Hochschule Wien |
| 1923 | Technischer Direktor und Vorstandsmitglied bei der Daimler-Motoren-Gesellschaft, Stuttgart-Untertürkheim |
| 1924 | Verleihung der Ehrendoktorwürde durch die Technische Hochschule Stuttgart |
| 1929 | Technischer Vorstand bei Steyr-Werke AG, Steyr |
| 1931 | Gründung der Dr. Ing. h.c. F. Porsche Konstruktionen GmbH in Stuttgart<br>Für den Automobilhersteller Wanderer konstruiert Porsche einen Reihen-Sechszylinder, Porsche Typ 7 |
| 1933 | Auftrag zur Entwicklung des Auto-Union-Grand-Prix-Rennwagens, Porsche Typ 22 |
| 1934 | Vorlage eines Exposés zum Bau eines deutschen „Volkswagens" und Auftrag zur Konstruktion dieses Fahrzeugs vom Reichsverband der Deutschen Automobilindustrie |
| 1936 | Studienreise in die USA mit Besichtigung der Ford-Werke |
| 1937 | Arbeitsbeginn der Planungen des Volkswagenwerks in Fallersleben (heute: Wolfsburg) |
| 1939 | Auf der Grundlage des Volkswagens entsteht der für Langstreckenrennen konstruierte Typ 64 („Berlin-Rom-Wagen") |
| 1941 | Vorsitzender der Panzerkommission |
| 1944 | Das Konstruktionsbüro wird nach schweren Luftangriffen auf Stuttgart nach Gmünd in Kärnten verlegt |
| 1946 | Gefangenschaft in Frankreich |
| 1947 | Rückkehr nach Gmünd |
| 1948 | Freispruch von allen Anklagepunkten |
| 1950 | Erstes Porsche-Treffen anlässlich des 75. Geburtstages |
| 1951 | Ferdinand Porsche stirbt am 30. Januar in Stuttgart |

1875